国家职业技能等级认定培训教程

国家基本职业培训包教材资源

中式面点师

（中级）

编审委员会

主　任　刘　康　张　斌

副主任　荣庆华　冯　政

委　员　葛恒双　赵　欢　王小兵　张灵芝　吕红文　张晓燕　贾成千

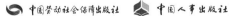

　　　　高　文　瞿伟洁

中国人力资源和社会保障出版集团

中国劳动社会保障出版社　中国人事出版社

图书在版编目（CIP）数据

中式面点师：中级 / 中国就业培训技术指导中心组织编写．-- 北京：中国劳动社会保障出版社：中国人事出版社，2021

国家职业技能等级认定培训教程

ISBN 978-7-5167-1160-6

Ⅰ.①中…　Ⅱ.①中…　Ⅲ.①面食 – 制作 – 中国 – 职业技能 – 鉴定 – 教材　Ⅳ.①TS972.116

中国版本图书馆 CIP 数据核字（2021）第 039649 号

中国劳动社会保障出版社
中 国 人 事 出 版 社　**出版发行**

（北京市惠新东街 1 号　邮政编码：100029）

*

北京市艺辉印刷有限公司印刷装订　新华书店经销

787 毫米 ×1092 毫米　16 开本　15.5 印张　253 千字

2021 年 4 月第 1 版　2024 年 1 月第 4 次印刷

定价：53.00 元

营销中心电话：400-606-6496

出版社网址：http://www.class.com.cn

国家职业技能等级认定培训教程·中式面点师
编审委员会

主　　任 姜俊贤

执行主任 边　疆　杨铭铎

秘　　书 王　东　赵　界　李真真

委　　员（按姓氏笔画排序）

王　东　王吉林　王鹏宇　王　黎　巩桂花　仲玉梅　李俊成
李真真　邸元平　沈启平　张　虎　张振霞　张桂芳　陈　健
陈　霞　赵　界　钟志惠　宫润华　贾贵龙　梁冠强　谢宗福

总 策 划 边　疆　杨铭铎

总 主 编 钟志惠

主　　审 边　疆　杨铭铎

本书编写人员

主　　编 仲玉梅（顺德职业技术学院）
李俊成（桂林旅游学院）

前　言

为加快建立劳动者终身职业技能培训制度，大力实施职业技能提升行动，全面推行职业技能等级制度，推进技能人才评价制度改革，促进国家基本职业培训包制度与职业技能等级认定制度的有效衔接，进一步规范培训管理，提高培训质量，中国就业培训技术指导中心组织有关专家在《中式面点师国家职业技能标准（2018 年版）》（以下简称《标准》）制定工作基础上，编写了中式面点师国家职业技能等级认定培训教程（以下简称中式面点师等级教程）。

中式面点师等级教程紧贴《标准》要求编写，内容上突出职业能力优先的编写原则，结构上按照职业功能模块分级别编写。该等级教程共包括《中式面点师（基础知识）》《中式面点师（初级）》《中式面点师（中级）》《中式面点师（高级）》《中式面点师（技师 高级技师）》5 本。《中式面点师（基础知识）》是各级别中式面点师均需掌握的基础知识，其他各级别教程内容分别包括各级别中式面点师应掌握的理论知识和操作技能。

本书是中式面点师等级教程中的一本，是职业技能等级认定推荐教程，也是职业技能等级认定题库开发的重要依据，已纳入国家基本职业培训包教材资源，适用于职业技能等级认定培训和中短期职业技能培训。

本书在编写过程中得到中国烹饪协会、顺德职业技术学院（中国烹饪学院）、桂林旅游学院等单位的大力支持与协助，在此一并表示衷心感谢。

中国就业培训技术指导中心

目　录 CONTENTS

培训模块 一 馅心制作

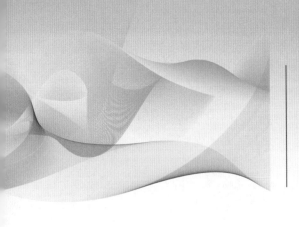

内容结构图

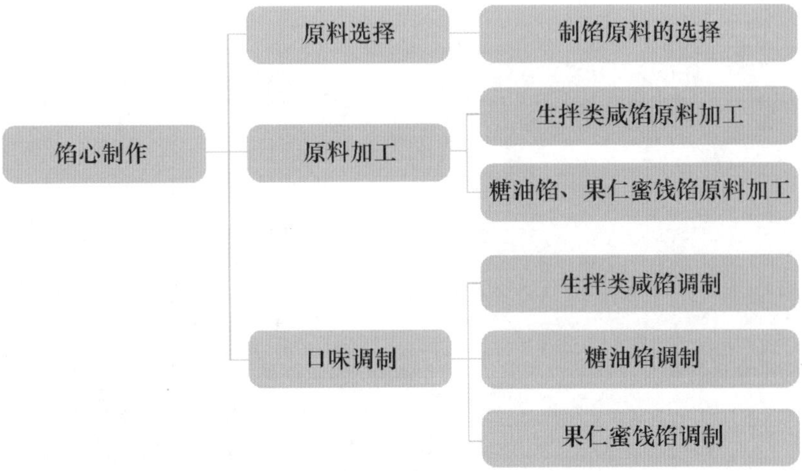

培训项目 1 原料选择

培训单元 制馅原料的选择

培训重点

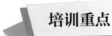

1. 馅心的概念及分类。
2. 制馅原料知识。

知识要求

一、馅心的概念、分类及作用

1. 馅心的概念

馅心又称馅子、心子、馅等，是根据不同面点制品的具体要求，对各种制馅原辅料进行加工、调制处理，并与主坯面剂或半成品结合使用的面点制品的组成部分。

馅心的特点影响着面点的风味和形态，形成了面点的特色，增加了面点的种类。馅心制作是面点制作过程中十分重要的环节。

2. 馅心的分类

根据不同的分类标准和归类要素，馅心的划分也不相同：以味型为分类标准，可分为甜馅、咸馅、甜咸馅；以主要原料的属性为依据分类，可分为荤馅、素馅、荤素馅、果仁蜜饯馅等；以生、熟的制馅加工差异分类，可分为生馅、熟馅；以馅心质地、形态来分类，可分为蓉状馅、流状馅、颗粒馅等；以馅心在面点制品中所处的位置分类，可分为馅心和面臊（卤、浇头）两大类。

有时，为了更明确馅心的属性，可以根据多个分类标准来分，如以味型和生、熟两个条件作为分类标准，可分为生甜馅、熟甜馅等。由于馅心在用料范围、加工方法、口味调制等方面变化太大，难以完全概括，因此馅心的分类是没有统一标准的。

3. 馅心的作用

馅心是面点制品的重要组成部分，馅心的种类繁多，风味各异，是很多面点制品的重要特色因素，决定着面点制品的色、香、味、形、质、营养等，其主要作用可以归纳为以下几点。

（1）体现面点制品的风味

面点的风味主要来源于面点主坯面团和馅心两个方面，馅心原料的选择以及不同原料本身的风味、不同的加工调制方法，都影响着带馅面点制品的主要风味。例如，猪肉馅饺子和韭菜馅饺子虽然都是水调面坯的水饺，但风味不同。

（2）丰富面点制品的品种

很多带馅面点制品的风味和特色都集中体现在馅心上，例如，各种月饼如五仁月饼、莲蓉月饼等，各种包子如叉烧包、豆沙包等，都是以馅心来命名的。

（3）突出面点制品的特色

一些包馅面点的特色，虽然与所用的主坯原料、造型、加工和熟制方法等有关系，但主要还是与馅心的特色有关，如汤包、烧卖、虾饺、肉夹馍等。

（4）强化面点制品的营养

由于主坯面团调制工艺的限制，很多营养丰富的原料没有办法直接掺入面团中，只能采用包馅的方式，包入、夹入制品中，或覆盖在制品上，可以达到增加和强化制品营养的目的，如包子、饺子、馅饼等。

（5）影响面点制品的质地

不同馅心的质地，诸如油、嫩、酥等，都影响着面点制品的质地和口感，如各种夹心饼、烧卖、馅饼等。

（6）美化面点制品的色彩

馅心除了有完善面点制品的色、香、味、营养和品种的作用之外，还有美化面点制品的作用。有些制品，主要是由于馅心的作用，使其形态优美，如各式各样的花卷、花式酥点、夹心糕、水晶糕、冻糕等。

（7）调节面点制品的价格层次

面点的馅心是面点的重要组成部分，“皮薄馅多”是很多面点制品的质量标准之一，从原料成本及制品的档次来看，馅心的规格层次决定着面点制品的档次。如豆沙包与蟹黄包、白菜饺与鲜虾饺，其价格层次是不一样的。

4. 馅心对面点成形的影响

面点制品的最终形态，是主坯面团与馅心相互支撑的结果，馅心的软、硬、粗、细、干、油、散、黏，不仅对上馅造成影响，还与制品的最后形态有着密切的关系。例如，浆皮月饼中的莲蓉月饼，若莲蓉馅太软、油多，则会导致成品出现坍塌、泻脚现象；若馅心太硬、太干，则会导致成品出现“收腰”现象。特别是坚果、蜜饯类的馅心，过粗过散会导致制品出现破皮、散架等现象。

二、植物性制馅原料

植物性制馅原料主要包括蔬菜类、食用菌类及果品类原材料，可以说，凡是可食的植物性原料，只要合理选用和加工，均可作为制馅的原料，起到突出馅心风味、补充营养的作用。

1. 蔬菜类

用于制馅的新鲜蔬菜，要求鲜嫩、处于成熟的最佳期、品种优良等，一般可从其含水量、形态、色泽等方面来检验。中式面点制馅原料中常用的新鲜蔬菜有以下几种。

（1）根菜类

根菜类有胡萝卜、白萝卜、根用芥菜、根用甜菜等。

（2）茎菜类

茎菜类有芦笋、竹笋、莴笋、茎用芥菜、马铃薯、莲藕、芋头、洋葱等。

（3）叶菜类

叶菜类有大白菜、菠菜、生菜、西洋菜、上海青等。

（4）花菜类

花菜类有花椰菜、青花菜、霸王花、食用菊、朝鲜蓟等。

（5）果菜类

果菜类有黄瓜、越瓜、苦瓜、丝瓜、甜瓜、南瓜、番茄、茄子、甜椒、青豌豆、青刀豆、蚕豆、菜豆、毛豆、甜玉米、菱角等。

2. 食用菌类

食用菌类有香菇、蘑菇、银耳、木耳、冬虫夏草等。

3. 果品类

果品类原料因品种繁多、风味各异、营养丰富、色彩斑斓，而被广泛应用于面点的制作中，常见的有以下一些种类。

（1）仁果类

仁果类有苹果、梨、山楂、木瓜、海棠果等。

（2）核果类

核果类有桃、李、杏、梅、樱桃等。

（3）坚果类

坚果类有榛子、板栗、核桃、胡桃、扁桃等。

（4）浆果类

浆果类有葡萄、草莓、猕猴桃、无花果等。

（5）柑橘类

柑橘类有甜橙、橘、柑、柚、柠檬、佛手等。

（6）木本类

木本类有荔枝、龙眼、枇杷、杧果、杨梅、番石榴等。

（7）多年生草本类

多年生草本类有菠萝、香蕉等。

三、动物性制馅原料

动物性制馅原料包括畜类、禽类、水产品及动物性原料加工制品等。

1. 畜类

畜类原料主要指猪、牛、羊等的肌肉、内脏及其制品，它们是高质量蛋白质、脂肪和某些矿物质的最好来源，且消化吸收率高，饱腹作用强。

（1）猪肉

猪饲养简易，又具有骨细、筋少、肉多的特点。猪肉为日常食用最多的一种肉类，也是中式面点制品中使用最广泛的制馅原料之一。品质好的猪肉，色泽浅红，肉质结实，纹路清晰。作为馅心的新鲜猪肉，使用瘦肉与脂肪比例恰好的五花肉和前夹心肉，制成的肉馅鲜嫩卤多，比用其他部位肉制成的馅的滋味好。猪肉如图 1–1 所示。

（2）羊肉

羊肉有绵羊肉、山羊肉之分，为全世界食用最普遍的肉类之一。绵羊肉是我国羊肉的主要来源。绵羊肉肌肉呈暗红色，肉纤维细而软，肌肉间夹有白色脂肪，脂肪较硬且脆，膻味较小；山羊肉肉色较绵羊肉淡，有皮下脂肪，只在腹部有较多的脂肪，其肉有明显的膻味。制作馅心一般选用肥嫩而无筋膜的绵羊肉。羊肉如图 1–2 所示。

图 1–1　猪肉

图 1–2　羊肉

（3）牛肉

牛肉含有丰富的蛋白质和氨基酸，其氨基酸结构比猪肉更接近人体所需，能提高人体抗病能力，有利于人体生长发育，并对手术后、病后调养的人在补充失血、修复组织等方面特别适宜。牛肉肉质坚实，颜色棕红，由于牛肉肌纤维组织长而粗糙，肌间筋膜等结缔组织多，加热后凝固收缩性强，因此牛肉的质感比猪肉、羊肉均老韧，制作馅心时应选用鲜嫩无筋的部位。牛肉的吸水力强，调馅时要打水，以增加其软嫩感。牛肉如图 1–3 所示。

2. 禽类

禽类原料包括家禽和野禽的肌肉、内脏及其制品，主要有鸡、鸭、鹅、鹌鹑等。

（1）鸡肉

鸡的肉质细嫩，滋味鲜美，鸡肉的蛋白质含量较高，种类多，而且消化率高，很容易被人体吸收利用，有增强体力、强壮身体的作用。用鸡肉制馅一般应选用当年的嫩鸡胸脯肉。鸡肉如图 1–4 所示。

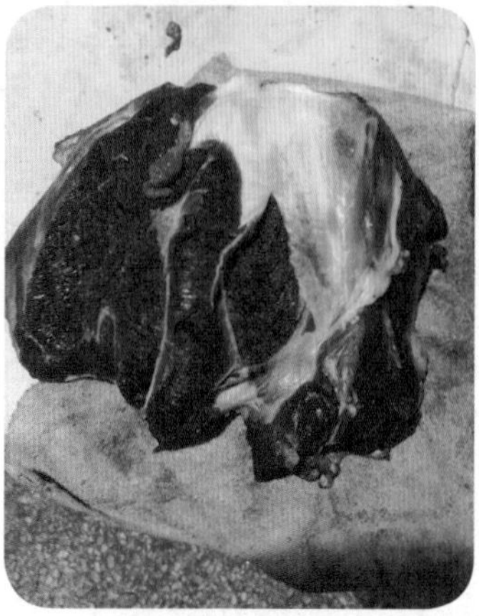

图1–3　牛肉

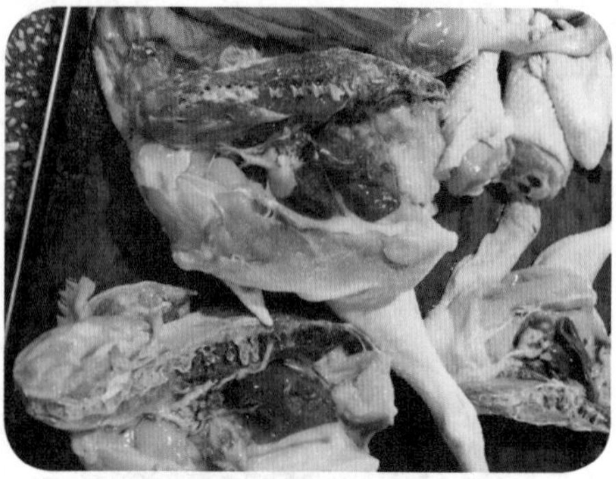

图1–4　鸡肉

（2）鸭肉

鸭主要分两种：一种为番鸭，又称瘤头鸭、洋鸭；一种为水鸭，又称绿头鸭。鸭肉的营养价值与鸡肉相仿，鸭肉的蛋白质含量比畜肉含量高得多，脂肪含量适中且分布较均匀，十分美味。用鸭肉制馅一般应选用当年的嫩鸭胸脯肉。鸭肉如图 1–5 所示。

（3）鹅肉

鹅是杂食性动物，鹅肉是理想的高蛋白、低脂肪、低胆固醇的营养健康食品。鹅肉还含有钙、磷、钾、钠等十多种微量元素，富含人体必需的多种氨基酸、多种维生素，不饱和脂肪酸含量高。跟鸡、鸭一样，用鹅肉制馅一般应选用当年的嫩鹅胸脯肉。鹅肉如图 1–6 所示。

图1–5　鸭肉

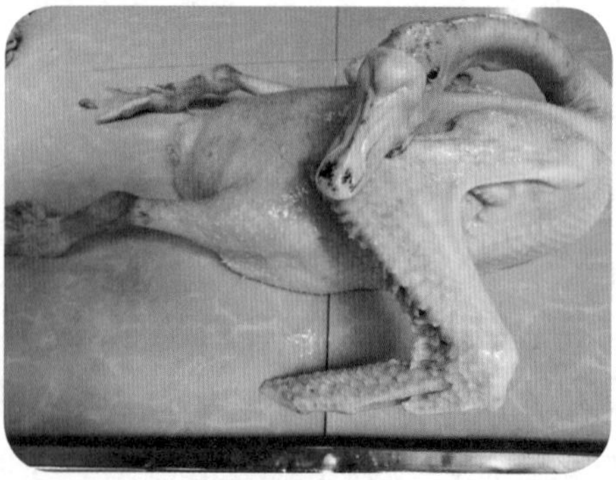

图1–6　鹅肉

3. 水产品

（1）虾类

虾是一种生活在水中的长身动物，属节肢动物甲壳类，种类很多。中国海域宽广，江河湖泊众多，盛产海虾和淡水虾。虾肉是中式面点工艺中制作三鲜类馅心的常用原料，用虾肉调馅时，要去掉须腿、皮壳，挑去虾线，按制品要求切丁或剁茸。图 1–7 所示为对虾与虾仁。

a)

b)

图 1–7　对虾与虾仁

a）对虾　b）虾仁

（2）海参

海参又名刺参、海鼠、海黄瓜，是一种名贵海产动物。我国海域出产的可以食用的海参有 20 多种，其中刺参营养价值最高，主要产于黄海、渤海海域。海参肉质软嫩，营养丰富，是典型的高蛋白、低脂肪食物。

由于海参种类较多，选择海参时以形体饱满、质重皮薄、肉壁肥厚，水发时涨性大、出参率高，水发后糯而滑软、有弹性、质细无沙者为好。用海参制馅前，需要开腹去肠，洗净泥沙，再切丁调味。海参如图 1–8 所示。

（3）干贝

干贝是由扇贝的闭壳肌风干制成的干制品。干贝的蛋白质含量高达 61.8%，为鸡肉、牛肉、鲜对虾的 3 倍。其矿物质的含量远在鱼翅、燕窝之上。干贝含丰富的谷氨酸钠，味道极鲜。干贝以干燥粒大、颗粒完整、大小均匀、丝细肉肥、色浅黄略有光泽、表面有白霜、有香气者为好。干贝如图 1–9 所示。

（4）鱼类

鱼类有上千个品种。用于制作面点馅心的鱼要选用肉嫩、骨刺较少的鱼种，如青鱼、草鱼、鳜鱼、黑鱼、鲅鱼等。用鱼肉制馅，均须去掉鱼的头、皮、骨、刺，再根据面点品种的需要制馅。

图 1-8　海参

图 1-9　干贝

（5）虾米

虾米又名海米、金钩、开洋，是鹰爪虾、脊尾白虾、周氏新对虾等经选料、清洗、晒干、去头、脱壳等工序制成的干制品。虾米有较高的营养价值。海虾制得的虾米称为“海米”，淡水虾制得的虾米称为“湖米”。熟晒鲜虾米如图 1-10 所示。

（6）虾皮

虾皮是毛虾的干制品。虾皮分为生晒虾皮和熟晒虾皮两种。虾皮中铁、钙、磷的含量都很丰富，还有一种重要的营养物质——虾青素。虾青素是迄今为止发现的最强的抗氧化剂，又称超级维生素 E。虾皮越红，说明虾青素含量越高。虾皮入口松软，味道鲜美，主要用于馅心的增鲜提味。虾皮如图 1-11 所示。

图 1-10　虾米

图 1-11　虾皮

4. 动物性原料加工制品

（1）火腿

火腿是经过盐渍、烟熏、发酵和干燥处理的腌制动物后腿（如牛腿、羊腿、猪腿、鸡腿），也有用猪后腿肉或是猪、牛肉的肉泥添加淀粉与食品添加剂，压制成的“三明治火腿”，又名“火肉”“兰熏”。火腿原产于浙江金华，以浙江金华、江苏如皋、江西安福和云南宣威出产的火腿最有名。火腿如图 1–12 所示。

（2）腊肉

腊肉是鲜肉腌制后，经烘烤或晾晒、风干制成的肉制品，是腌肉的一种，主要流行于四川、湖南、广东等一带。由于通常是在农历的腊月进行腌制，因此称作“腊肉”。不同地方的腊肉做法也有所不同，比如中国南方腌腊猪肉、鸡、鸭、鱼等较多，北方以牛肉为主。我国较为有名的腊肉有广东腊肉、湖南腊肉和四川腊肉。用腊肉类制品制馅时，应先将原料用热水洗净，有时还需浸泡一会儿，待回软后再去皮、骨，切成小丁，按需要可拌入白酒。腊肉如图 1–13 所示。

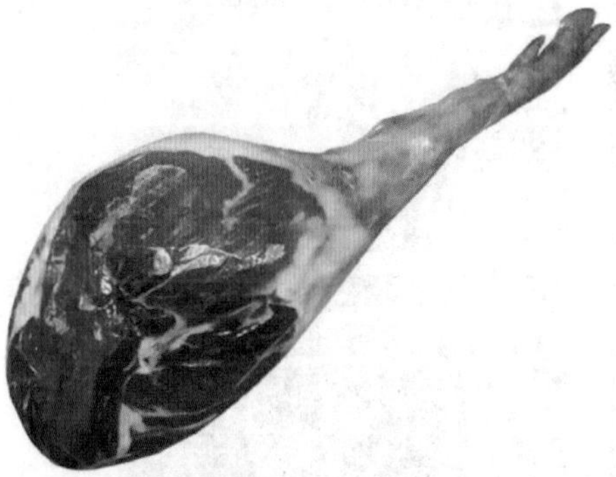

图 1–12　火腿

图 1–13　腊肉

四、调味原料

调味原料是指能起到突出菜点口味、改善菜点外观、增进菜点色泽等作用的一类原料。面点常用的调味原料主要有以下几种。

1. 咸味调味品

咸味调味品主要有食盐、酱油、豆豉、面酱等，如图 1–14 所示。

2. 甜味调味品

甜味调味品主要有白糖、饴糖、蜂蜜、冰糖、果糖、葡萄糖浆等。

3. 酸味调味品

酸味调味品主要有食醋、醋精、柠檬酸、番茄酱等。

醋是调味品中的一个常用品类。我国的四大名醋是山西老陈醋、镇江香醋、阆中保宁醋和永春老醋。

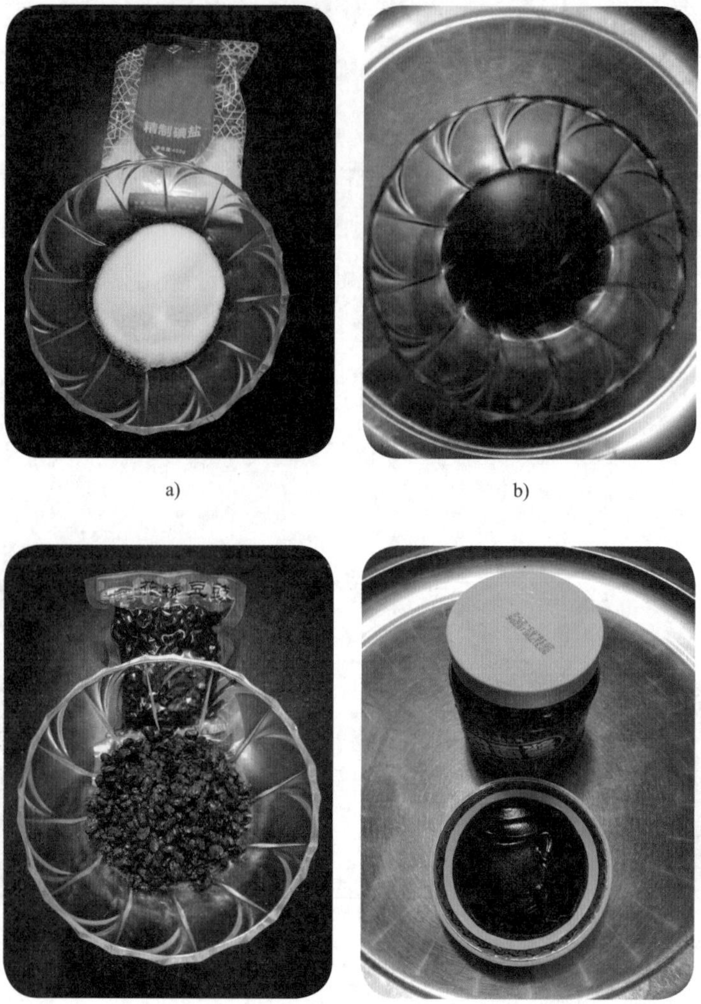

a)　　b)

c)　　d)

图 1–14　咸味调味品

a）食盐　b）酱油　c）豆豉　d）面酱

4. 鲜味调味品

鲜味调味品主要有鸡精、味精、蚝油、海鲜酱等。

5. 香辛调味品

香辛调味品主要有五香粉、十三香、姜、葱、蒜、辣椒、胡椒、八角、桂皮、草果等。

五、原料的保藏

原料的保藏方法多种多样，常用的主要有低温保藏法、高温保藏法、干燥保藏法、腌渍保藏法、烟熏保藏法、密封保藏法、活养保藏法、保鲜剂保藏法等。

1. 低温保藏法

低温保藏法是指利用低温抑制微生物的生长繁殖、酶的活性及其他非酶变质因素而延长保质期，同时降低原料中水分蒸发的速度，从而减少原料的干耗的方法。其分为冷藏和冷冻（冻藏）两类。冷藏是将原料置于 0 ~ 10 ℃的环境中储藏，适用于蔬菜、水果、鲜蛋、牛奶以及鲜肉、鲜鱼的短时间储藏。冷冻是将原料置于 0 ℃以下的环境中储藏，常用于对肉、禽、水产品的长时间储藏。

2. 高温保藏法

高温保藏法主要是指利用加热的方法杀灭各种微生物及芽孢的保藏方法。通过加热处理，一方面原料细胞中的酶被破坏失去活性，原料自身的新陈代谢终止，原料变质的速度减慢；另一方面，加热使致病微生物被杀灭，从而可延长原料的保质期。

3. 干燥保藏法

干燥保藏法又称干制保藏法，是将原料中的水分降低到足以防止其腐败变质的程度，并在低水分状态下长期保藏的方法。近年来出现的冷冻干燥技术是干制保藏中最先进的技术。

4. 腌渍保藏法

腌渍分为盐腌、糖腌、酸腌、酒腌四种。高盐、高糖腌渍的原理，是利用食盐或食糖溶液产生的高渗透压和降低水分活度的作用，使微生物细胞的原生质脱水而发生质壁分离，使微生物难以生长繁殖，从而达到储存原料的目的。

盐腌多用于肉类、禽类、蛋、水产品及蔬菜的保藏，如火腿、香肠、腊肉、咸蛋、咸鱼等。糖腌主要用于水果和部分蔬菜的保藏，可制成蜜饯、果脯、果酱等。酸腌是通过提高酸度来保存食品的方法，如将萝卜、黄瓜浸渍在食醋中制成酸萝卜、酸黄瓜等。酒腌是利用酒精的抑菌杀菌作用保藏食品原料的方法。

5. 烟熏保藏法

烟熏保藏法是指利用木柴、谷壳、果皮等不完全燃烧时产生的烟气熏制原料，以延缓食品原料腐败变质的保藏方法。

烟熏不仅能够提高食品原料的防腐能力，而且具有杀菌作用，还能赋予食品原料以特殊的香味。这种方法一般适用于肉类、禽类、豆制品和少数果品的保藏。

6. 密封保藏法

密封保藏法是指将原料封闭在一定的容器内，或采用真空的办法使其与外界隔绝，防止原料被污染和氧化的保藏方法。如各种罐头、干酵母等就是使用的密封保藏法。

7. 活养保藏法

活养保藏法是指对购进的活体动物性原料进行短期饲养，以保持或提高其使用品质的保藏方法，适用于鱼、虾等的保藏。

8. 保鲜剂保藏法

保鲜剂保藏法是指运用食品防腐剂、抗氧化剂、脱氧剂等进行保藏的方法。

六、原料品质劣变和腐败原因

食品原料变质主要是由微生物生长、原料自身酶反应、害虫侵袭、温度不适当、水分、氧化、机械压力及损伤、放置时间等相关因素引起的。

技能要求

技能 1　植物性制馅原料的选择——果蔬原料

一、相关要求

1. 食品原料选择原则

（1）必须按照食品营养与卫生的基本要求选料。

（2）必须按照食品不同的质量要求选料。

（3）必须按照原料本身的性质选料。

2. 食品原料品质鉴定的依据和标准

选择食品原料，一般是用感官鉴定的方法来判断原料品质，对品质鉴定的依据和标准如下。

（1）嗅觉检验

嗅觉检验即用嗅觉器官来鉴定原料的气味，如出现异味，说明已变质。

（2）视觉检验

视觉检验使用范围最广，凡是能用肉眼根据经验判断品质的原料都可以用这种方法进行检验，以确定其品质的好坏。

（3）味觉检验

味觉检验即根据原料的味觉特征变化情况来鉴定品质好坏。

（4）听觉检验

有些原料可以用听觉检验的方法鉴定品质的好坏，如鸡蛋，可以用手摇动，然后听声音来鉴定。

（5）触觉检验

触觉是物质刺激皮肤表面的感觉。手指是敏感的，接触原料可以检验原料组织的粗细、弹性、硬度等，以确定其品质好坏。

食物原料感官鉴定见表 1–1。

表 1–1 食物原料感官鉴定

鉴定方法	鉴别内容	判断原料的品质	鉴定实例
嗅觉检验	鉴别原料的气味	判断原料是否腐败变质	核桃仁变质会产生哈喇味，西瓜变质会带有馊味
视觉检验	鉴别原料的形态、色泽、清洁程度等	判断原料的新鲜程度、成熟度及是否有不良改变	新鲜的蔬菜茎叶挺直、脆嫩、饱满、光滑、整齐
味觉检验	检验原料的滋味	判断原料的好坏，尤其是调味品和水果	新鲜柑橘柔嫩多汁，受冻变质的柑橘绵软、口味苦涩
听觉检验	鉴别原料的振动声音	判断原料内部结构是否改变及品质	手摇鸡蛋，听鸡蛋内部的声音；敲击西瓜听声音，检验西瓜的成熟度
触觉检验	检验原料的弹性、硬度	判断原料的质量	根据鱼体肌肉的硬度和弹性，可以判断鱼是否新鲜

二、操作步骤

步骤 1 目测

目测鉴别果品的成熟度、色泽、形态特征、果形、大小均匀度、表面清洁度，以及有无虫害、机械损伤等。

步骤 2 鼻嗅

鼻嗅鉴别特有的芳香气味以及是否有哈喇味、馊味等异味。

步骤 3 选择

应选择水分含量较多的蔬菜。优质的蔬菜含水量充足，表面润泽光亮，刀口断面会有汁液流出；劣质的蔬菜外形干瘪，失去光泽。

步骤 4　口尝

口尝鉴别滋味、质地等。

技能 2　动物性制馅原料的选择——猪、牛、羊肉类原料

一、相关要求

不同种类的肉类有其自己的特性。动物性制馅原料的选择，主要从外观、气味、弹性、脂肪性状四个方面进行综合性感官评价和鉴别。

二、操作步骤

步骤 1　外观判断

新鲜的肉外表有微干或微湿润的外膜，肉呈淡红色，有光泽，切断面稍湿、不粘手。变质的肉表面外膜极度干燥或粘手，呈灰色或淡绿色，发黏并有霉变现象，切断面也呈暗灰色或淡绿色，很黏。

步骤 2　气味判断

新鲜的肉具有肉正常的气味；品质较差的肉在表面能嗅到轻微的氨味、酸味或酸霉味，但在肉的深层没有这些异味；腐败变质的肉，不论在肉的表面还是深层，均有腐败气味。

步骤 3　测试弹性

新鲜的肉质地紧密、富有弹性，用手指按压后，凹陷立即复原；品质较差的肉比较柔软、弹性小，用手指按压后，凹陷不能马上复原；腐败变质的肉，组织失去原有的弹性，用手指按压后，凹陷不能恢复，有时甚至会将肉刺穿。

步骤 4　脂肪性状判断

新鲜的肉脂肪呈白色（牛肉脂肪呈微黄色），有光泽，有时呈肌肉红色，柔软富有弹性；变质的肉，脂肪呈灰色，无光泽，粘手，有时略带油脂酸败味和哈喇味。

技能 3　调味原料的选择——酱油原料

一、相关要求

酱油是仅次于盐的咸味调味品原料。酱油按颜色和用途来分，一般有老抽和

生抽两种：生抽酱油味咸色淡，用于调味提鲜；老抽酱油是在生抽酱油的基础上，加焦糖色，经过特殊工艺制成的浓色酱油，色深味淡，用于提色。

二、操作步骤

步骤 1 鉴别色泽

优质酱油：倒入无色杯中，对光看，呈红棕色或明棕色。

劣质酱油：呈黄棕色或黄褐色，液面暗淡无光泽。

步骤 2 鉴别状态

优质酱油：澄清，无霉花浮膜，无肉眼可见的悬浮物，无沉淀，颜色深浅适中，质感纯厚，在杯里轻轻摇晃，容易挂杯，片刻才滑落。

劣质酱油：微混浊或有少量沉淀。

步骤 3 鉴别滋味

优质酱油：有典型的酱油味，味道鲜美而醇厚，咸甜适度，无异味。

劣质酱油：有酸、苦、涩、焦、霉的味道。

步骤 4 鉴别气味

优质酱油：有酱香或酯香等特有的芳香味，无其他不良气味。

劣质酱油：无酱香味或酯香味，并且有焦煳、酸败、霉变和其他异味。

培训项目 2 原料加工

培训单元 1 生拌类咸馅原料加工

培训重点

1. 生馅原料加工设备和刀具。
2. 馅料初步加工的基本方法。

知识要求

一、粉碎机和刀具的种类、使用方法及安全事项

1. 粉碎机

食品粉碎机是以电动机为动力装置，配置一定的刀具或加工装置，替代人工对食品原料进行研磨粉碎的加工设备。

（1）粉碎机的使用方法

1）选择适宜的刀具安装在料桶内。

2）将待粉碎原料放入桶内。

3）盖严料桶盖子，并使之卡死。

4）接通电源，调整速度旋钮，启动开关钮，粉碎物料。

5）将开关钮归位。

6）取下刀具清洗。

7）将桶内物料倒出。

8）将粉碎机清洗干净，组装，固定还原。

粉碎机使用方法如图 1–15 所示。

a)

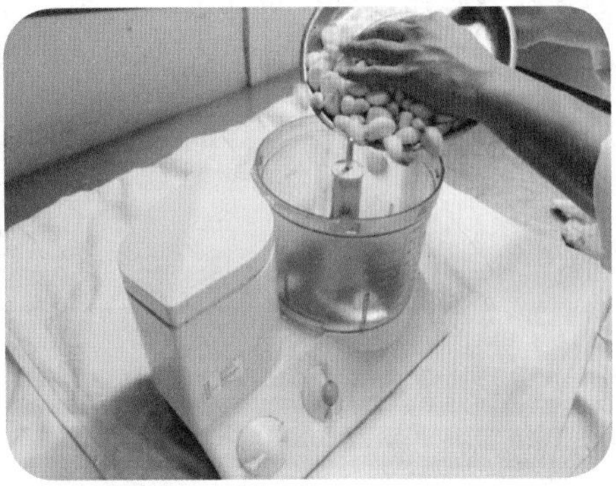

b)

c)

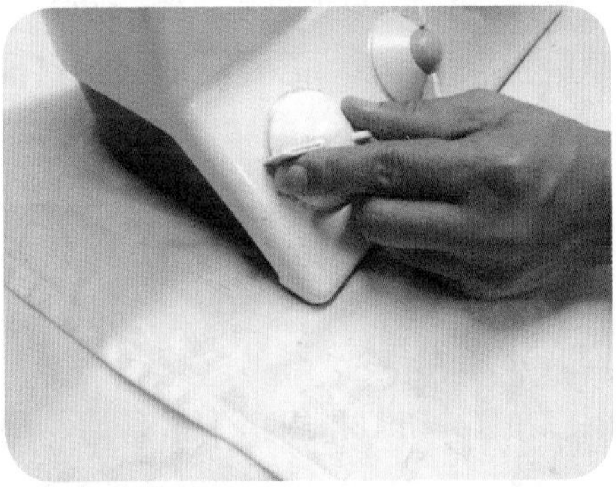

d)

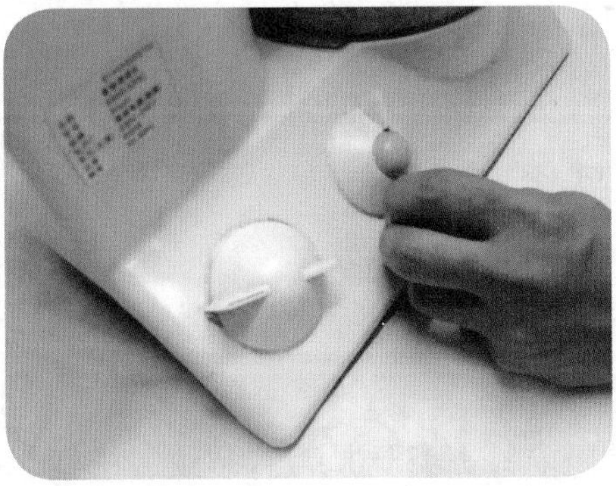

e)

f)

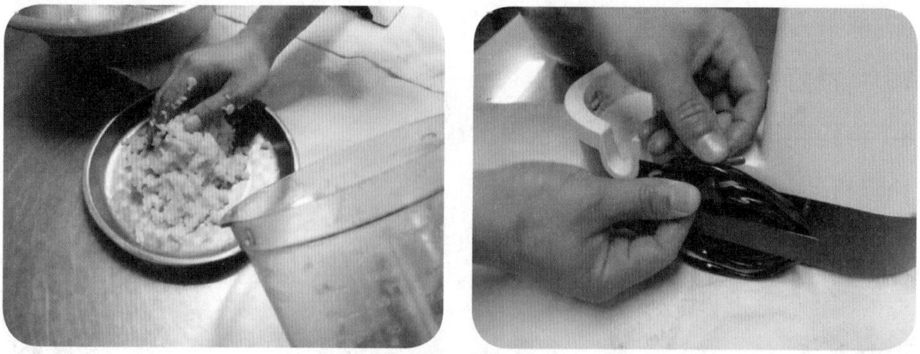

g)　　　　　　h)

图 1–15　粉碎机使用方法

a）安装刀具　b）将待粉碎料放入桶内　c）卡住料桶盖　d）调整速度旋钮
e）开关钮归位　f）取下刀具　g）将桶内物料倒出　h）固定还原

（2）粉碎机的使用安全

1）根据物料的性质选择适宜的料桶及刀具。

2）不能用手直接接触刀刃，防止划伤。

3）粉碎机用毕，需要立即清洗料桶、刀具，并用干布擦干，否则再用时会出现异味。

注意：粉碎机的品牌不一样，其操作方法也有一些差异。

2. 刀具

（1）常用刀具种类

1）切刀。切刀是厨房中最普通、最常用的刀。刀身呈长方形，刀刃前平薄后略厚，刀身上厚下薄，刀背前窄后宽，刀柄满掌。切刀刀柄短、惯力大，一刀多能，使用方便、省力，适于切、剁、削各类原料，如图 1–16 所示。

2）片刀。又称薄刀，窄而长，轻而薄，用于片切牛肉、羊肉、鱼片等。

3）砍刀。又称出骨刀或厚刀，形状很像方头切刀，但刀背较厚，与刀口的截面呈三角形，用来砍带骨头的及质地坚硬的原料。

4）去皮刀。去皮刀又称削皮刀。以硬塑料作为刀把，不锈钢材料作为刀刃，小巧灵便，用于对瓜果类、根茎类原料去皮，如图 1–17 所示。

（2）刀具的使用安全

1）刀具由使用人自行维护及保管，使用前检查刀具是否有裂纹、松柄、锈蚀等现象。

2）刀具摆放在正确安全的位置，必须平放，不宜放在操作台边沿及过高处。

图 1–16 切刀

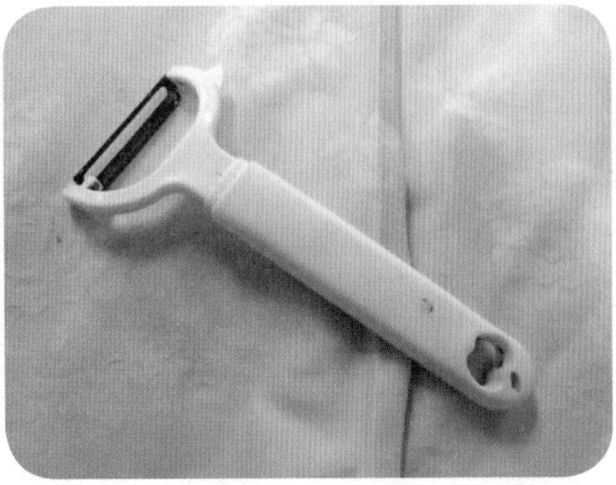

图 1–17 去皮刀

3）操作区域顶端物品堆码规范，不能超高、超宽堆放，取放时注意安全。

4）根据刀具种类进行正常加工。

5）操作（用刀）时，其他人不能影响操作者。

6）后厨用刀严禁作为非工作用途工具使用。

二、馅心加工的基本刀法

1. 切

切是在刀面与菜墩垂直的前提下，由上而下运刀的一种刀法。切时主要运用手腕的力量，并施以小臂的辅助。它适用于蔬菜、瓜果和已经出骨的鸡、鸭、鱼、肉等动物性原料。

2. 剁

剁是刀刃与菜墩或原料基本保持垂直，频率较快地将原料剁成泥茸的一种直刀法。用一把刀操作称为“单刀剁”，用左右手同时持刀操作称为“排剁”。剁适用于无骨原料及姜、蒜等，如剁肉馅、剁姜末等。

3. 擦

擦是指利用擦丝工具，将原料紧贴擦床并做平面摩擦，使其成为细丝形状的刀法。擦往往与剁结合，先擦后剁使原料细碎，适合于对根茎类、茄果类原料的细碎加工，如西葫芦、莲藕、萝卜、马铃薯等。

三、馅心水分控制方法

不论是哪种馅心，水分的含量都直接影响其品质及成品的质量，生鲜的植物性原料应去掉部分水分，干性原料及动物性原料应加水。例如，生咸馅用料一般以禽类、畜类、水产品类等动物性原料以及蔬菜为主，加入辅料及调料拌和而成。如果使用植物性原料，那么大多需要先去除部分水分，在调馅时还要增加黏性；如果使用动物性原料或干料，则大多需要加水或皮冻以增加卤汁。熟肉馅在熟制过程中，由于肉质收缩脱水，馅心又湿又散，口感老柴，因此熟制馅一般都采用淀粉水腌渍和勾芡的方法，尽量减少水分的损失。

控制馅心水分的方法主要有焯水、盐渍、打水、掺冻等。

1. 焯水

“焯水”又称“飞水”，是指将原料放入沸水锅中，加热至半熟或熟透的工艺过程。焯水的作用是多方面的，其中，新鲜蔬菜经焯水后，可使蔬菜原料细胞内的原生质发生凝固、失水，造成质壁分离现象，纤维组织变软，便于挤出过多的水分，防止出现馅心加盐、糖调制后进一步的脱水现象。

（1）焯水的方法

1）将锅里的清水烧开。

2）将初加工好的原料放入锅中稍烫。

3）待原料纤维组织变软，用笊篱将原料迅速捞出。

4）将烫过的原料立即放入冷水盆中冷却（多数原料焯水需要此步骤）。

5）将原料从冷水盆中捞出，控干水分。

（2）焯水的注意事项

1）沸水下锅，及时翻动。将锅内的水烧至滚开再将原料下锅，且要及时翻动，适时出锅，否则无法保证原料的色、脆、嫩。

2）掌握火候。要根据原料性状掌握加热时间，保持蔬菜的嫩绿颜色。

3）及时换水，分别焯水。焯特殊气味的原料时，要及时换水，防止“串味”；形状不同的原料，要分别焯水，不能“一锅煮”。

4）过冷水凉透，控干水分。蔬菜类原料在焯水后应立即投入冷水中，然后控干水分，以免其因余热变黄、熟烂。

2. 盐渍

盐渍又称盐腌，就是利用盐的渗透作用，促使蔬菜中的游离水分渗出，同时盐与水发生水合作用，使蔬菜质地更脆。

（1）盐渍的方法

蔬菜洗净切碎后，加盐腌渍 10 min 左右，采用挤压方法挤去渗出的水分，用清水漂洗一遍，再控干水分即可。

（2）盐渍的注意事项

1）蔬菜应切碎后再撒盐。

2）盐的用量适当，一般用量为 2% ~ 5%。

3）将盐渍渗出的水挤干后，先用清水漂洗一遍，再控干水分。

4）应根据蔬菜原料的老嫩程度掌握好盐渍的时间。

3. 打水

打水又称吃水，即在搅拌肉馅的过程中分多次加入适量水的工艺过程。打水可使生肉馅爽嫩。

（1）打水的方法

1）将搅好的肉馅放入盆中，加入食盐，顺着一个方向不停地搅拌。

2）肉馅转黏稠后，加少量水，继续沿着一个方向不断搅拌，直至肉馅再转黏稠，再重复多次加水、搅拌的操作，直至肉中蛋白质与水乳化形成胶凝状态。

（2）打水的注意事项

1）根据制品的特点要求，视肉的种类、部位、肥瘦、老嫩等情况，灵活掌握加水量和调味顺序。

2）要分多次加水，每次加水后要搅黏、搅上劲，再进行下一次加水，防止出现肉水分离的现象。

3）搅拌时要顺着一个方向用力搅打。

4. 掺冻

冻又称皮冻，制皮冻的原料通常选择猪皮（最好选用猪背部的肉皮），因肉皮中含有一种胶原蛋白，加热熬制时变成明胶，其特性为加热时熔化，冷却就能凝结成冻。在制皮冻时，如只用清汤（一般为骨汤）熬制，则为一般皮冻。讲究的皮冻还要选用火腿、母鸡或干贝等鲜味足的原料制成鲜汤熬制，使皮冻味道鲜美，适用于小笼包、汤包等精细点心。馅料中加入皮冻可以使馅料稠厚，便于包捏；熟制过程中皮冻熔化，可使馅心卤汁增多，味道鲜美。掺冻是面点馅心常用的增加含水量的方法。

（1）掺冻的方法

根据不同馅心的特点和要求，将适量的皮冻剁碎或切碎，加入调好味的馅料中拌匀即可。

（2）掺冻的注意事项

馅料中的掺冻量，应根据制品面坯的性质而定。组织紧密的面坯，如水调面坯或嫩酵面坯，掺冻量可多一些（一般每 500 g 馅掺 300 g 左右）；而用大酵面坯时，掺冻量则应少一些（一般每 500 g 馅掺 200 g 左右）。若馅心卤汁过多，面坯吸收太多，容易发生穿底、漏馅等问题。

技能要求

技能 1　生拌类咸馅原料的控水技能——萝卜丝馅

一、操作准备

1. 原料

白萝卜 500 g。

2. 设备与器具

炒锅、炉灶、案台、菜刀、盆、纱布、漏勺。

二、操作步骤

步骤 1　清洗、去皮

用菜刀去掉萝卜的叶子和根须，然后用水洗干净，去皮。

步骤 2　切丝

将萝卜切成均匀的细丝。

步骤 3　焯水

锅内放水烧开，将切好的萝卜丝倒入锅内，再将水烧沸，用漏勺捞出萝卜丝倒入冷水盆内凉透。

步骤 4　挤干水

用漏勺将冷却的萝卜丝滤水，再用纱布裹住萝卜丝，将水挤压干净即成。

萝卜丝馅控水步骤如图 1–18 所示。

三、操作要点

萝卜要切成均匀的细丝，焯水时间不宜过长，否则会影响馅心的质感。

四、质量要求

萝卜丝雪白透明，质地脆爽，无辣味。

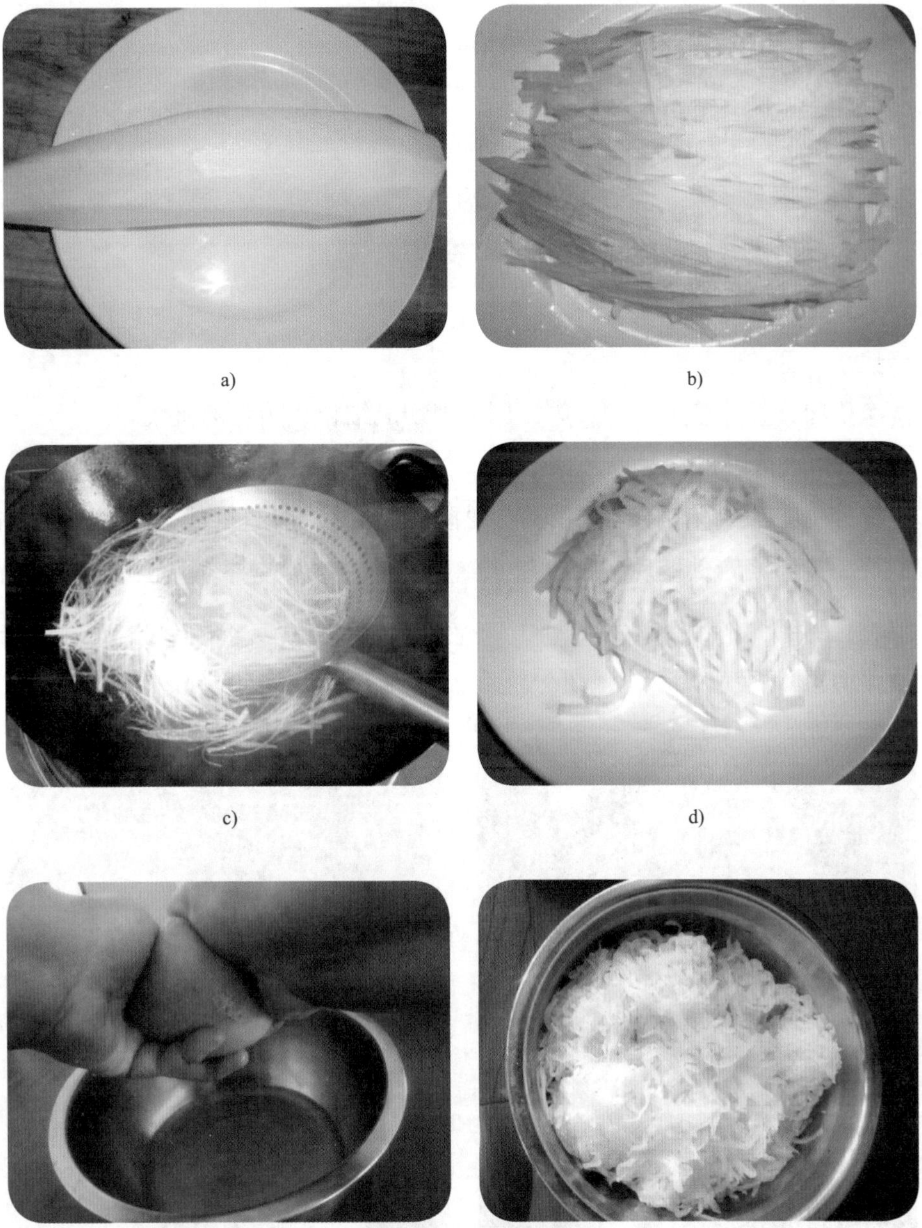

a) b) c) d) e) f)

图 1–18 萝卜丝馅控水步骤

a）将萝卜洗净、去皮 b）切成均匀的细丝 c）用沸水焯料 d）焯水后的萝卜丝
e）用纱布挤去水分 f）挤去水分的萝卜丝

技能 2　生拌类咸馅原料的控水技能——猪肉馅

一、操作准备

1. 原料

猪肉 1 000 g。

2. 设备与器具

案台、绞肉机、多功能搅拌机、盆、菜刀。

二、操作步骤

步骤 1　细碎加工

洗净猪肉，去除筋膜、碎骨等，用菜刀切成细粒或用绞肉机绞碎。

步骤 2　搅拌及加水

将细碎加工后的猪肉置于多功能搅拌机的桶内，加适量盐，开搅拌机中速挡进行搅拌，待肉馅转黏稠后，加少量水到肉馅中，继续搅拌，直至肉馅再转黏稠，再次加水，反复多次，搅拌至肉馅含足水分、细嫩即可。

猪肉馅调制步骤如图 1–19 所示。

a)　b)　c)　d)

e)

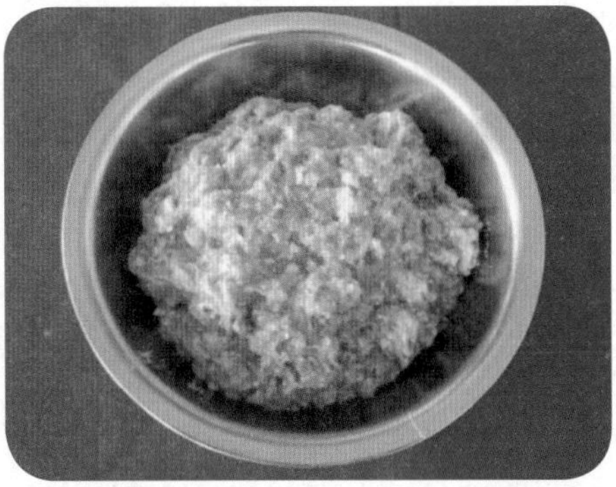
f)

图 1–19 猪肉馅调制步骤

a）将猪肉洗净 b）绞肉机绞碎 c）搅拌 d）分多次加水 e）分多次搅拌 f）制作完成

三、操作要点

1. 加水量的多少应根据肉质而定，水少则馅心干、柴，水多则馅心澥水而影响成形。

2. 加水必须在加盐之后进行，否则，肉馅吸水量会降低，或者会出现肉馅水分溢出的现象。

3. 水要分多次加入，防止肉馅一次吃水不透而出现肉水分离的现象。

4. 搅拌时要顺着一个方向用力搅打。边搅边加水，搅到肉馅水分足、呈胶状、有黏性为止。

四、质量要求

肉质细碎、鲜香、柔嫩、水分足。

培训单元 2 糖油馅、果仁蜜饯馅原料加工

培训重点

糖油馅、果仁蜜饯馅原料的加工方法。

知识要求

一、糖油馅原料的加工

糖油馅原料主要是白糖、面粉或米粉、油脂和具有特殊香味的原料（如麻仁、玫瑰酱、桂花酱等）。

白糖属于结晶物质，存放过久的白糖容易结块、变硬，须擀细碎。拌制糖油馅的油脂无须加热，多使用冷油，如用猪板油则需撕去脂膜，切成小丁状。面粉、米粉需烤或蒸熟后过筛，方具有凝固性，主要起调节馅心的软硬和松散程度的作用。

二、果仁蜜饯馅原料的加工

1. 果仁类原料的加工

果仁的种类很多，常见的有核桃仁、花生仁、松仁、榛仁、瓜子仁、芝麻仁、杏仁以及腰果仁、夏威夷果仁等。

果仁需要经过去皮、制熟、破碎等加工过程，具体的加工方法因原料的不同而有所不同。如花生仁、松仁等，要先经烘烤或炸熟后再搓去外皮；而核桃仁、杏仁等则需要先清洗浸泡，然后剥去外皮再烤或炸熟。较大的果仁还需要切或擀压成碎粒。

2. 蜜饯与果脯类原料的加工

蜜饯与果脯的品种较多。通常蜜饯的糖浓度高，黏性大；果脯相对较为干爽，但存放过久会结晶、返砂或干缩坚硬。根据蜜饯与果脯的种类不同，加工方法也有所不同。较大的蜜饯、果脯都需要切成碎粒，以便于使用；较小的可以直接拌入使用。

果仁蜜饯馅原料性质不一，除以上的常规加工处理之外，有些特殊的原料还要进行脱毒、脱苦、脱涩处理，如苦杏仁、橘皮、柿子等原料。脱毒、脱苦、脱涩的方法一般包括焯水、泡水、烘烤等。

技能要求

技能 1 糖油馅原料的加工——白糖馅

一、操作准备

1. 原料

白砂糖、面粉、猪板油。

2. 设备与器具

秤、烤箱、刀、盆、擀棍。

二、操作步骤

步骤 1 选料

选择颗粒比较细的白砂糖、干爽的熟面粉和新鲜猪板油。

步骤 2 称料

准确按配方称量所用原料。

步骤 3 原料加工

面粉入烘烤箱烤熟或蒸熟；如果白砂糖有结块则要擀研细碎；生的猪板油去除脂膜，再剁成茸状。

三、操作要点

面粉须做熟，一般 160 ℃烤 30 min 或蒸 40 min 以上。

四、质量要求

面粉不焦，质地松爽；板油茸细腻；白砂糖松散，无结块。

技能 2 果仁蜜饯馅原料的加工——五仁馅

一、操作准备

1. 原料

核桃仁、瓜子仁、杏仁、松仁、冬瓜糖、橘饼、芝麻。

2. 设备与器具

烤箱、烤盘、秤、砧板、菜刀、盆等。

二、操作步骤

步骤 1　将瓜子仁、松仁、芝麻分别烤香。

步骤 2　将核桃仁、杏仁用温水泡 15 ~ 20 min，去皮后再烤香，冷却后切碎备用。

步骤 3　将冬瓜糖、橘饼切碎备用。

三、操作要点

1. 正确掌握各种原料烘焙的火候。果仁烤熟烤香，但不宜烤焦。

2. 颗粒较大的原料要进行适当的刀工处理，大颗粒的果仁切碎或碾碎，但不宜成粉状。馅料原料应大小一致且不宜太大，否则容易破皮漏馅，影响成形。

四、质量要求

各种原料细碎加工后尽量大小一致。

培训项目 3 口味调制

培训单元 1 生拌类咸馅调制

培训重点

生拌类咸馅的调制方法。

知识要求

一、生拌类咸馅的种类与特点

1. 生拌类咸馅的种类

生拌类咸馅按原料性质的不同，可以分为生素馅、生荤馅和生荤素馅三大类。

2. 生拌类咸馅的特点

生馅是相对于熟馅而言的，是指在馅心制作过程中不经过加热处理，或原料虽经过加热处理，但馅心没有达到完全成熟的程度，还需进一步加热熟制才能食用的馅心。

二、生素馅的制作

生素馅是指素类原料生拌而成的馅心，一些新鲜蔬菜或干菜原料有时也经加热焯水或经热水泡发。

1. 生素馅的制作工艺流程

选料→清洗→刀工处理→去水分和异味→调味→拌和→成馅。

2. 生素馅的制作方法

（1）选料及清洗

根据所制面点馅心的特点和要求，选择适宜的蔬菜，洗涤干净，干菜类的原料还要进行泡发，如干香菇、腐竹、粉丝等。

（2）刀工处理

素类原料根据不同形态特点，一般都加工成丁、丝、粒、泥等形状，根据制品的要求和素类原料的性质选择适合的刀工处理方法，以细小为好，这样便于包捏。

（3）去水分和异味

有些素类原料有异味，有些含水分过多，都影响馅心的美味，必须在调味拌制前去除多余的水分和苦、涩等异味。通常使用的方法有两种：一是在切剁时或切剁后在蔬菜中撒入适量食盐，利用盐的渗透压作用，使蔬菜脱水，然后挤掉水分；二是利用加热的方法，即焯水去除水分和异味。此外，由于莲藕、马铃薯等蔬菜中含有单宁，加工时与铁器接触会发生褐变，因此，应该在刀工处理后用水漂洗，再进行拌馅。

（4）调味

根据馅心的特点和要求，选用适宜的调味品进行馅心拌制。按照烹饪调味的原则，尽量保持原料本身的特征，调和出各种风味的味型，如咸鲜味、咸甜味、咸香味等。

（5）拌和

馅心加入调味品后，搅拌均匀即可，搅拌不宜过度，以防馅心“塌架”出水。调制好的馅心也不宜长时间放置，尽量随用随调拌。

3. 生素馅的制作技术要领

了解原料的特性，根据原料的质地、特点，掌握初加工的分寸，如焯水的时间、撒盐脱水的盐量、盐腌的时间、干菜类原料的泡发程度等。

三、生荤馅的制作

生荤馅是指用荤类原料生拌而成的馅心。生荤馅以畜肉、禽肉、水产品原料为主。

1. 生荤馅的制作工艺流程

选料→除皮、去筋膜→细碎处理→打水或掺冻→调味→成馅。

2. 生荤馅的制作方法

（1）选料

从外观、气味、弹性、脂肪四个方面对肉类原料进行综合性感官鉴别。同时，针对馅心的特点及要求，不仅应考虑原料的种类，还应考虑原料的部位，因为不同种类原料的性质不同，而同一种类原料不同部位的特点也有区别。例如，猪的后腿肉、前夹肉、五花肉等，其肥瘦肉比例、口感、老嫩都不同。

（2）除皮、去筋膜及细碎处理

一般用荤类原料制作馅心都要剔除筋皮，再切成细小的肉粒或剁碎，大量生产时一般都用绞肉机来进行细碎加工，但也要先去皮、去筋膜、除去碎骨等。

（3）打水或掺冻

肉馅打水是解决肉馅原料脱水或水分不足、口感柴且老韧问题的方法。肉类原料细碎处理后，加少许盐，顺着一个方向不断搅拌，肉茸起胶后分多次加水，直至肉茸呈稀软的凝胶状态。肉馅掺冻是为了增加馅心的卤汁，尤其是各式汤包，皮冻是汤的主要原料。馅心内的掺冻量应根据制品的特点而定。

（4）调味

调制生荤馅的调味品主要有葱、姜、盐、酱油、味精、香油、白糖等。调馅时应根据所制品种及其馅心的特点和要求选用，要咸淡适宜，突出鲜香。不能随意乱用，避免出现怪味、异味。调羊肉、牛肉馅时，因羊肉、牛肉具有明显的膻味，还需加入料酒，有时还加花椒水和一些香辛料，如胡椒粉、五香粉、十三香、沙姜粉等。

3. 生荤馅的制作技术要领

（1）根据制品的质量要求，合理选择原料的细碎加工方式。

（2）掌握肉馅打水的工艺及掺冻方法。

（3）掌握原料的特性，合理使用调味品。

四、生荤素馅的制作

生荤素馅是以生荤馅为主，再搭配生素菜原料制成的“菜肉馅”。这类馅心原料荤素兼有，营养搭配合理，原料可选范围广，应用广泛。

1. 生荤素馅的制作工艺流程

选料→刀工处理→水分控制→调制荤馅→拌和素馅→成馅。

2. 生荤素馅的制作技术要领

（1）注意生荤原料和生素原料的合理搭配

荤素搭配是中国饮食的传统，无论从营养学还是食品学角度看，都有其科学道理。除了荤、素的比例之外，也要考虑原料搭配的合理性，尽量做到藏拙显美、营养互补，彰显馅心的色、香、味、形和营养。

（2）掌握原料的控水程度和馅心的软硬度

要考虑各种原料在拌制后的吸水与脱水情况，准确掌握控水程度，使馅心的软硬度适当，以保证馅心质量。

技能要求

技能 1　生素馅的制作——韭菜鸡蛋馅

一、操作准备

1. 原料

主要原料及用量见表 1–2。

表 1–2　主要原料及用量　　g

原料	用量	原料	用量	原料	用量
韭菜	500	虾皮	15	调和油	50
鸡蛋	100	姜末	10	白糖	5
粉丝	50	食盐	10		
老豆腐	100	味精	5		

2. 设备与器具

案台、炉灶、炒锅、秤、盆、刀、手勺、筷子、纱布等。

二、操作步骤

步骤 1　选料

对主辅原料进行精选，韭菜、鸡蛋尽量选择新鲜、品质优良的，粉丝选稍细的米制粉丝，虾皮最好选头尾齐全、色光味美、个大整齐、盐轻身干、无杂质的。

步骤 2　择洗

择洗韭菜时，宜先去除烂叶、黄叶，再浸泡冲洗，切忌搓洗，避免破坏韭菜的组织。虾皮用温水泡 3 ~ 5 min，然后用清水漂洗。

步骤 3　细碎加工

韭菜、老豆腐切成小粒；粉丝用温水浸泡 20 min，回软后控净水分，切碎；虾皮用水冲洗干净，用纱布挤干水分；鸡蛋打散，用调和油炒熟，剁成小颗粒。

步骤 4　拌料

所有主辅原料全部放在盆内，抄拌均匀。

步骤 5　调味

在抄拌均匀的主辅料上撒上食盐、味精、白糖，抄拌均匀。最后加入调和油，再抄拌均匀即可。

韭菜鸡蛋馅的制作步骤如图 1–20 所示。

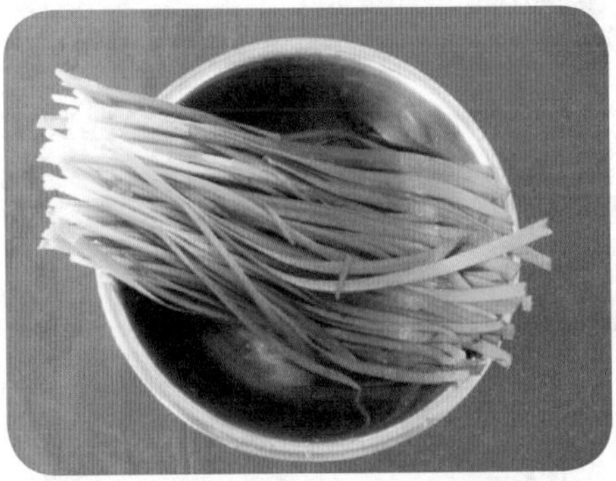

a)

b)

c)

d)

e)　　f)

g)

图 1-20　韭菜鸡蛋馅的制作步骤

a）将韭菜择洗干净　b）虾皮用水冲洗干净，用纱布挤干水分　c）粉丝浸泡 20 min　d）将全部原料切碎
e）将调味料放入原料中　f）顺一个方向将原料拌均匀　g）韭菜鸡蛋馅成品

三、操作要点

1. 韭菜要切成小粒，不能剁碎，否则韭菜会脱水。

2. 主辅原料切配大小要相对一致，粉丝和韭菜不宜切得太长，否则不易包捏。

3. 抄拌时，不要用力抓，否则会使韭菜脱水。

四、质量要求

馅心滋味咸鲜，气味清香，色彩分明、美观。

技能 2　生荤馅的制作——猪肉馅

一、操作准备

1. 原料

主要原料及用量见表 1-3。

表 1–3 主要原料及用量 g

原料	用量	原料	用量	原料	用量
猪肉	500	生抽	5	小葱	20
调和油	50	味精	3	姜	10
芝麻油	10	白糖	3	水淀粉	20
食盐	5	胡椒粉	2	水	100

2. 设备与器具

案台、秤、盆、菜刀、砧板等。

二、操作步骤

步骤 1 选料

选用新鲜的猪肉。

步骤 2 初加工

将猪肉肥瘦分开，用刀剁碎；小葱、姜分别切成葱花、姜末。

步骤 3 打水

将切好的瘦肉放在盆内，加入食盐，顺着一个方向搅拌。肉馅打上劲后开始分次加入少量清水，继续反复搅拌、加水，直至肉馅呈稀软的凝胶状态。

步骤 4 调味

将肥肉、姜末、葱花、生抽、味精、白糖、胡椒粉加入肉馅中搅拌均匀，再加入调和油、芝麻油拌匀，最后将水淀粉倒入馅心搅拌均匀。

步骤 5 冰镇成馅

将拌好的肉馅用保鲜膜密封，放入冰柜冷藏 2 h 后即可使用。

猪肉馅的制作步骤如图 1–21 所示。

a)

b)

c)

图 1–21　猪肉馅的制作步骤

a）打水　b）调味　c）猪肉馅成品

三、操作要点

1. 每次加水后必须搅拌上劲且水分全部吸入肉馅内，才可再次加水，否则馅心会澥水，持水性不好。

2. 拌馅时正确掌握投料顺序。

3. 根据肉质老嫩程度，控制好加水量。

4. 馅心打好后比较稀软，应冰镇 2 h 后再用，效果更佳。

四、质量要求

馅心咸鲜香郁，口感嫩爽，油润汁足。

技能 3　生荤素馅的制作——羊肉萝卜馅

一、操作准备

1. 原料

主要原料及用量见表 1–4。

表 1–4　主要原料及用量　g

原料	用量	原料	用量	原料	用量
羊肉	500	生抽	10	姜	20
白萝卜	500	味精	5	料酒	20
调和油	20	白糖	5	水淀粉	20
芝麻油	10	胡椒粉	5	水（或花椒水）	100
食盐	10	小葱	50		

2. 设备与器具

案台、炉灶、煸锅、秤、盆、菜刀、砧板等。

二、操作步骤

步骤 1 初加工

把羊肉切成小丁，剁碎；小葱、姜切末；把白萝卜洗净，切成丝。

步骤 2 加水和焯水

将羊肉馅放在盆内，加入食盐，顺着一个方向搅拌；肉馅打上劲后开始分次加入少量清水，继续反复搅拌，加水、加料酒，直至肉馅呈凝胶状态。白萝卜丝焯水。

步骤 3 拌馅

在羊肉馅中加入水淀粉和其他的调味料，搅匀后再加入白萝卜丝，继续拌匀，即成羊肉萝卜馅。

羊肉萝卜馅的制作步骤如图 1–22 所示。

a) b) c) d)

图 1–22 羊肉萝卜馅的制作步骤

a）准备羊肉萝卜馅主要原料 b）加入调味料搅拌均匀 c）加入白萝卜丝拌均匀 d）羊肉萝卜馅成品

三、操作要点

1. 羊肉馅的打水方法与猪肉馅相同。

2. 羊肉馅可以调制得稍硬些。

3. 如果羊肉膻味重，打水时可用花椒水代替清水，因为花椒水有去羊肉膻味的效果。

四、质量要求

馅心鲜香嫩爽，馅汁丰富，风味独特。

培训单元 2　糖油馅调制

培训重点

糖油馅的调制方法。

知识要求

一、糖油馅的原料及作用

1. 糖油馅的原料

糖油馅是以糖和油为主料，通过掺粉再配以其他辅助原料调制而成的一类甜馅，主要用于银丝卷、千层油糕等传统面点，有增味、分层的作用。常用的原料是糖、油、熟粉和少量的果料、肉制品等。糖油馅的风味特点主要由这些原料决定。

2. 糖油馅各种原料的作用

（1）糖类

糖是甜味的主体，可以单独作为一种馅心，更多的是与其他原料混合，调制出不同风味的馅心类型。

根据不同馅心品种的要求，制作糖油馅使用的糖有白糖、红糖、糖粉、糖浆、冰糖、饴糖等。糖不仅能调制甜味，还能增加馅心的黏性，丰富馅心的风味，延长馅心的保质期。

（2）油脂

油脂在糖油馅中起到滋润、增香和营养的作用。制作糖油馅使用的油主要有猪油、花生油和芝麻油。

（3）熟粉

糖油馅心中加的粉料，主要是熟面粉或熟米粉。熟化处理后的面粉和米粉具有较强的黏性，在馅心中起到凝固其他馅料，防止油、糖熔化导致面点制品穿底漏馅、塌架的作用。

（4）辅助原料

糖油馅中辅助原料一般是指果仁、肉制品、蜜饯等，它们的使用量很少，对馅心的风味主要起到调和、解腻的作用。

二、糖油馅的制作工艺流程

1. 选料

根据不同风味的糖油馅制品要求，选择正确的糖类、油类、粉类及其他辅助原料。

2. 初加工

对大块的原料进行细碎处理，如大块冰糖、黄糖、板油要进行细碎加工；对粉进行熟制等处理。

3. 配料

糖油馅是以糖、油、粉为基础的，其比例通常为：糖 500 g，油 150 g，熟粉 200 g。但有时因品种特点不同或地方食俗不同，其比例也有差异。

4. 擦馅

将糖、粉拌和均匀后开窝，中间放油脂及其他辅料，拌匀后用力反复搓擦均匀、上劲。如太干燥可适当打些水，手抓能成坨即可。

三、糖油馅的制作技术要领

1. 擦糖油馅时要用力，使馅心上劲。

2. 熟粉的干燥程度不一样，用量要灵活掌握。

3. 油脂的种类不一样，配料也应相应调整。

4. 掌握好馅心的软硬度，馅心太干时，可适当增加油量或适当加水。

技能要求

技能　白糖馅的制作

一、操作准备

1. 原料

主要原料及用量见表 1–5。

表 1–5　主要原料及用量　　g

原料	用量	原料	用量	原料	用量
白糖	500	猪板油	150	熟面粉	200

2. 设备与器具

秤、盆、菜刀、砧板、筛子。

二、操作步骤

步骤 1　选料

选择颗粒比较细的白糖、干爽的熟面粉和猪板油。

步骤 2　混合原料

将熟面粉、白糖拌匀，再加入猪板油搅拌均匀。

步骤 3　拌馅

采用擦的手法，反复擦搓，使馅心上劲成坨即可。

三、操作要点

1. 白糖要选择颗粒细小的白砂糖。

2. 如果馅心过散，可适当洒些清水。

四、质量要求

馅心色白细腻，甜润甘香，糖脂融合，不流糖、不流油。

培训单元 3　果仁蜜饯馅调制

培训重点

果仁蜜饯馅的调制方法。

知识要求

一、果仁蜜饯馅的选料要求及加工

1. 果仁蜜饯馅的选料要求

（1）果仁类原料的选料要求

品质良好的果仁类原料，气味正常，没有刺鼻的酸味、哈喇味，具有该类果仁应有的色泽和形态，外观没有烤焦、发芽、霉变、生虫现象，无外来杂质。炒制果仁因经高温炒制和烘烤，具有丰富的脂香和焦香味。品质良好的产品应该是原有的风味与添加的辅料匹配得很好，味道柔和醇厚，口感松脆，无酸味等异味。

（2）蜜饯、果脯的选料要求

蜜饯、果脯是传统风味食品之一，品质良好的产品色泽好，色泽由浅黄到橘黄，原料精，加工细，味道正，柔软爽口，不粘手，不受潮霉变，酸甜适口。

2. 果仁蜜饯馅的加工

果仁需要经过去皮、制熟、破碎等加工过程，具体的加工方法因原料的特点不同而有所不同。如花生仁、松仁等，要先经烘烤或炸熟后再搓去外皮；而核桃仁、杏仁等则先用清水浸泡或煮以后去皮，再进行烘烤或炒制。蜜饯、果脯一般要先用温水漂洗，然后再切成小丁备用。

二、果仁蜜饯馅的制作工艺流程

选料→原料初加工→初步熟处理→配料→拌制→成馅。

三、果仁蜜饯馅的制作技术要领

1. 配料比例合理，甜度适中。
2. 掌握果仁原料的熟处理方法。
3. 粗大原料要进行细碎加工，拌料要混合均匀。
4. 根据各种原料的吃水性能，灵活掌握加水量。

技能要求

技能　五仁馅的制作

一、操作准备

1. 原料准备

主要原料及用量见表 1–6。

表 1–6　主要原料及用量　　g

原料	用量	原料	用量	原料	用量
核桃仁	20	白糖	80	芝麻仁	20
甜杏仁	20	糕粉	45	花生油	30
松仁	20	橘饼	15	水	30
瓜子仁	20	冬瓜糖	20		

2. 设备与器具

烤箱、烤盘、筛子、砧板、菜刀、刮刀、秤等。

二、操作步骤

步骤 1　原料加工

将瓜子仁、松仁、芝麻仁分别烤香；核桃仁、甜杏仁用温水泡 15 ~ 20 min，去皮后再烤香，冷却后切碎（核桃仁掰成四分之一即可）备用。冬瓜糖、橘饼也切碎备用。

步骤 2　拌馅料

将核桃仁、甜杏仁、松仁、瓜子仁、冬瓜糖、橘饼拌匀，加入白糖，加入芝麻仁，再加入糕粉、水、花生油一起拌成馅。

五仁馅的制作步骤如图 1–23 所示。

a)

b)

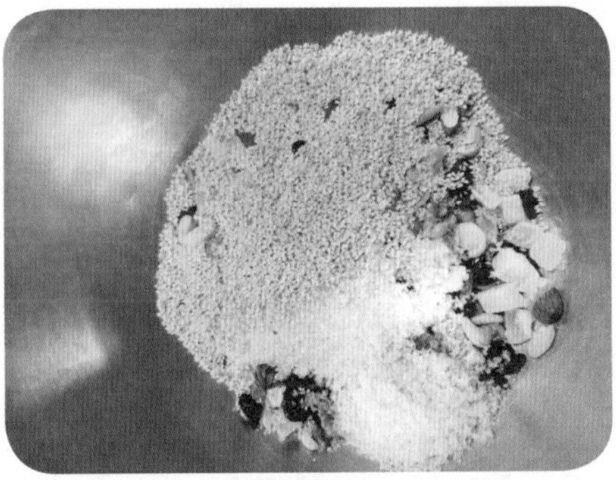

c)

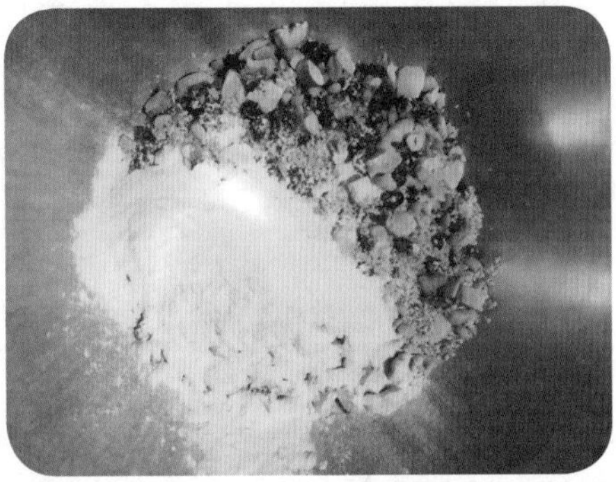

d)

e)

f)

图 1–23 五仁馅的制作步骤

a）准备除芝麻仁之外的各种果仁 b）拌入白糖 c）拌入芝麻仁
d）加入糕粉 e）加入水、花生油 f）拌匀成馅

三、操作要点

1. 拌馅时水要适量。水太多则馅软，成品不易成形；水太少则馅硬，不滋润，成品发硬。

2. 馅料颗粒不宜太大，否则容易破皮漏馅，影响成形。

3. 各种原料要混合均匀，馅心制成后要保证有充分的吸水时间。

4. 为增加馅心的特殊风味，还可以加入桂花酱或玫瑰酱等原料。

四、质量要求

馅心松爽香甜，带有各种果料的香味。

培训模块二 水调面品种制作

内容结构图

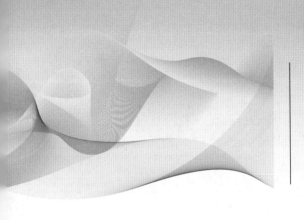

- 水调面品种制作
  - 面坯调制
    - 热水面坯调制
  - 生坯成形
    - 有馅类水调面坯生坯成形
  - 产品成熟
    - 煮制有馅类水调面坯制品
    - 炸制有馅类水调面坯制品
    - 烙制有馅类水调面坯制品
    - 煎制有馅类水调面坯制品

培训项目 1　面坯调制

培训单元　热水面坯调制

培训重点

1. 水调面坯的概念。
2. 水调面坯调制的基本原理及影响因素。
3. 热水面坯的调制方法。

知识要求

水调面坯是指用面粉和水直接调制而成的、组织较为紧密的面团，具有组织严密、质地坚实的特点，内无蜂窝孔洞，体积也不膨胀，行业俗称“呆面”“死面”。

一、水调面坯调制的基本原理

1. 水温对面粉中蛋白质、淀粉的影响

（1）水温对蛋白质的影响

水温对蛋白质的影响见表 2–1。

表 2–1　水温对蛋白质的影响

水温（℃）	性质
30	能结合 30% 的水，经揉搓可形成有弹性、韧性、延伸性和黏性的面筋
60	开始热变性，蛋白质逐渐凝固，面筋物理性能逐渐消失
73	完全变性凝固，弹性、韧性、延伸性减退，吸水率降低

面粉中的蛋白质是麦胶蛋白和麦谷蛋白。常温下，它们吸水膨胀，经搅拌后形成面筋网络；同时，具有受热变性、使结合水的能力下降的性质，当温度达到 60 ℃左右时受热凝固，无法再形成面筋网络。

（2）水温对淀粉的影响

水温对淀粉的影响见表 2–2。

表 2–2　水温对淀粉的影响

水温（℃）	性质
<30	基本无变化，吸水率低，不溶于水
30	可结合 30% 的水，颗粒不膨胀，大体上仍保持硬粒状态
50	吸水、膨胀率很低，黏度变化不大
53	吸水量逐渐增大，淀粉粒逐渐膨胀
60	淀粉粒比常温下大好几倍，吸水率增大，黏性增强，部分淀粉进入糊化阶段
67.5	大量吸水，大部分淀粉进入糊化阶段，成为黏度很高的溶胶
90	迅速、大量吸水，成为黏度很高的溶胶，黏度越来越大
100	迅速、大量吸水糊化，吸水量可达 200%

面粉中的淀粉有直链淀粉和支链淀粉两类，它们不溶于冷水，但能与热水结合。当温度达 60 ℃以上时，淀粉粒大量吸水，吸水量达一定程度时破裂糊化，形成糊精；如果吸水量不够，糊化不彻底，就形成淀粉凝胶。

综上所述，淀粉和蛋白质在不同水温作用下发生不同变化的性质，是水调面坯调制的理论依据。用冷水调制面坯时，主要是蛋白质的性质起作用；用热水调制面坯时，主要是淀粉的性质起作用；而用温水调制面坯时，蛋白质和淀粉的性质同时起作用。根据用不同水温调制成形的面坯的特点，水调面坯可以分成冷水面坯、温水面坯、热水面坯三大类。

2. 水调面坯的成团原理及特性

（1）冷水面坯

1）冷水面坯的成团原理。面粉与冷水混合后，蛋白质大量吸水形成致密的面筋网络，将其他物质紧紧包裹在其中，面团具有坚实、筋力强的特点，富有弹性、韧性和延伸性。冷水面坯的形成主要是蛋白质溶胀作用的结果。

2）冷水面坯的特性。冷水面坯弹性好、韧性足、延伸性强，成品爽口、不易破碎，适合做煮制品，如面条、水饺、馄饨、刀削面、抻面等。

（2）温水面坯

1）温水面坯的成团原理。温水面坯用水温度为 60 ~ 80 ℃，与蛋白质变性和淀粉糊化温度接近，因此温水面坯的形成是蛋白质溶胀和淀粉糊化共同作用的结果。由于水温的影响，面粉中蛋白质开始变性或部分变性，使面筋生成受到限制，面坯有一定筋力，但不如冷水面坯。面粉中的淀粉在水温的影响下吸水膨胀，部分糊化，使面坯带有黏柔性，可塑性增加，但又不如热水面坯。

根据温水面坯性质要求，温水面坯的调制除了直接用温水和面制作外，还有其他制作方法。如先用部分面粉加沸水调制成热水面坯，剩余面粉加冷水调制成冷水面坯，然后将两块面团揉在一起，制成面坯；也有用沸水打花、冷水调面的方法制作面坯。所谓"沸水打花，冷水调面"，是指用少量沸水将面粉和成雪花状，待热气散尽后，再加冷水揉至成团，通过沸水的作用使部分面粉中的蛋白质变性、淀粉糊化，从而降低面粉筋度，增加黏柔性，再加冷水调制使未变性的蛋白质充分吸水形成面筋，使形成的面团既有一定韧性，又较柔软，并有一定可塑性。

2）温水面坯的特性。温水面坯有一定的弹性、韧性、延伸性，吸水率比冷水面坯高，面坯较柔软，适合做炸、烙、煎的制品，如炸糕、锅贴饺、花色饺、家常饼、荷叶饼等。

（3）热水面坯

1）热水面坯的成团原理。热水面坯又称烫面、开水面坯，指用 80 ℃以上的热水或 100 ℃沸水调制，且在烫面过程中，尽量保持在这个温度范围内调制而成的面坯。沸水可使面粉中的蛋白质变性，淀粉大量吸水糊化，因此热水面坯的形成主要是淀粉糊化所起的作用。淀粉遇热大量吸水膨胀糊化，形成有黏性的淀粉溶胶，并黏结其他成分而成为黏柔、细腻、略带甜味（淀粉酶的糊化作用以及淀粉糊化作用分解产生的低聚糖）、可塑性良好、无筋力和弹性的面坯。

2）热水面坯的特性。热水面坯色泽灰暗，面团黏、糯、柔软而无劲，吸水性强，可塑性较好，做出的成品不易走样，适合制作花式造型的蒸制品，如蒸饺、烧卖等。

3. 影响水调面坯调制的因素

（1）原料因素

水调面坯的原料主要是面粉和水，当然有些水调面坯制品也加入少量的盐、碱，但加入的量很少，目的是增强面坯的性能，不足以影响水调面坯本身的特性。

1）面粉。面粉根据面筋蛋白质的含量和质量来分，有高筋面粉、中筋面粉和低筋面粉三类。面粉中面筋蛋白质的含量和质量，直接决定冷水面坯的性能。

2）水

①水量。水调面坯中，不论是由蛋白质溶胀形成面筋的冷水面坯还是由淀粉糊化形成的热水面坯，都跟水量有关，水量充分，则蛋白质溶胀效果良好，淀粉糊化充分。

②水温。水温对面坯起着决定性的作用，水调面坯所用的水温不同，面坯性质也不同。

3）盐。在调制冷水面坯时，加入适量的盐，能使面筋结构更紧凑，包裹淀粉的能力更强，增强面筋的筋性，改善面坯的加工稳定性和耐搅拌能力。食盐比例一般在 1% ~ 3% 为宜。

4）碱。调制冷水面坯时，加入少量的食用碱，可增加面坯的稳定时间，使其拉伸性变好，拉断距离变大，增加面坯的延伸性，同时增强面坯的硬度。故有“碱是骨头，盐是筋”的说法。

（2）操作因素

1）面坯调制的手法、搅拌桨样式。蛋白质在面粉中的含量一般为 20% 左右，分散在面粉中，面筋的形成跟面筋蛋白质的相互连接有关，采用不同的和面手法和不同的搅拌桨样式和面，对面坯面筋蛋白质的连接会产生影响，关系到面筋网络的形成。

2）搅拌时间与速度。搅拌时间与速度是控制面筋扩展程度的直接因素，在一定时间和速度范围内，时间越长，速度越快，面坯面筋形成越快。但调制时间不宜过长，速度也不宜过快，否则会造成面筋发生断裂，导致面坯变得稀软而失去使用价值。

3）醒面（静置）时间的影响。调粉完毕让面坯静置 10 ~ 20 min，通常会使水化作用继续进行，达到消除面坯张力的目的，从而使面坯渐趋松弛状态，有利于面坯的延伸，同时还可以降低黏性，便于成形操作。

4）温水面坯和热水面坯的及时散热。温水面坯、热水面坯趁热揉好后要及时摊开散热，否则，糊化后的淀粉会进一步发生颗粒解体反应，淀粉变成糊状体而使面坯变黏。

二、热水面坯的调制工艺

1. 热水面坯调制工艺流程

面粉过筛→热水拌粉→晾凉→揉团→醒面。

2. 热水面坯基本配方

（1）加水烫面法

面粉 500 g，沸水 350 ~ 400 g。

（2）加粉烫面法

面粉 500 g，沸水 500 ~ 550 g。

3. 热水面坯的调制方法

根据制品对面坯的性质要求确定烫面工艺，热水面坯的调制方法分为加水烫面和加粉烫面两种。

（1）加水烫面法

面粉过筛后倒入盆中，加入沸水，边浇水边用擀面杖搅拌，动作迅速，尽量搅拌成雪花片状，然后再散尽热气，面凉透后洒少许凉水揉匀成面坯。加水烫面法的操作步骤如图 2–1 所示。

a)

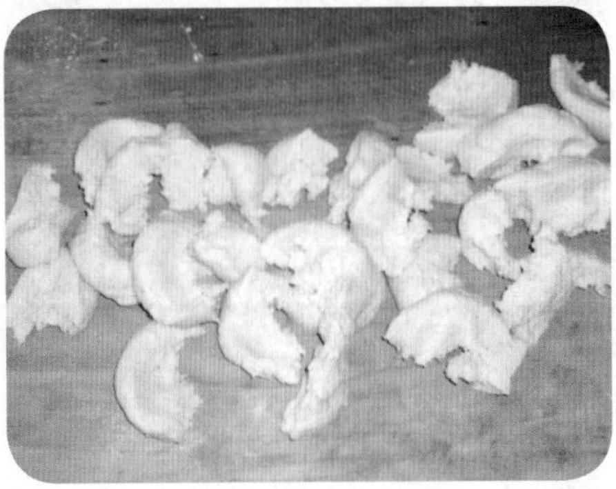

b)

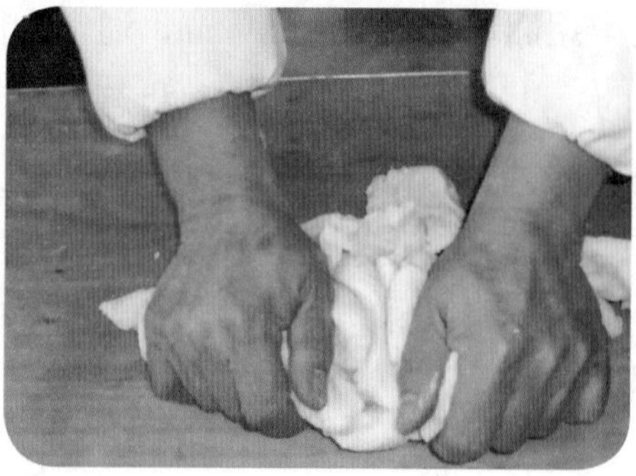

c)

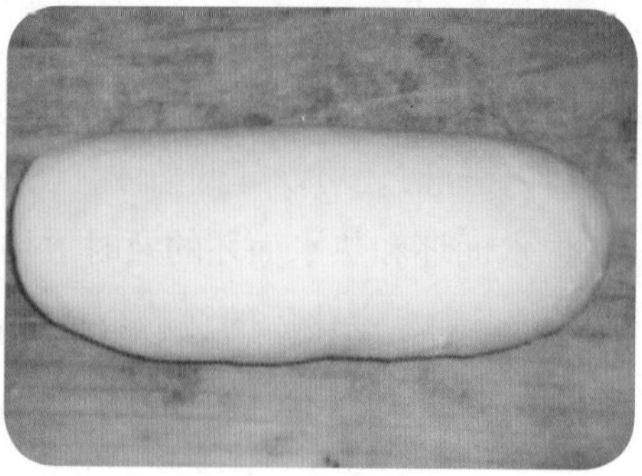

d)

图 2–1　加水烫面法的操作步骤

a）掺沸水、搅拌　b）散热　c）揉面　d）成团

（2）加粉烫面法

炒锅中加入称量好的水烧沸，改用小火，然后将称量过的面粉倒入沸水中，用木铲翻炒熟透至无生粉粒，倒在刷过油的案子上摊开晾凉，最后揉成面坯。加粉烫面法的操作步骤如图 2–2 所示。

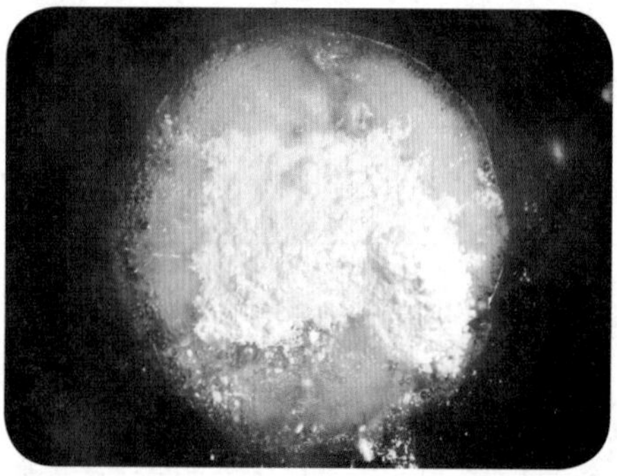

a)

b)

c)

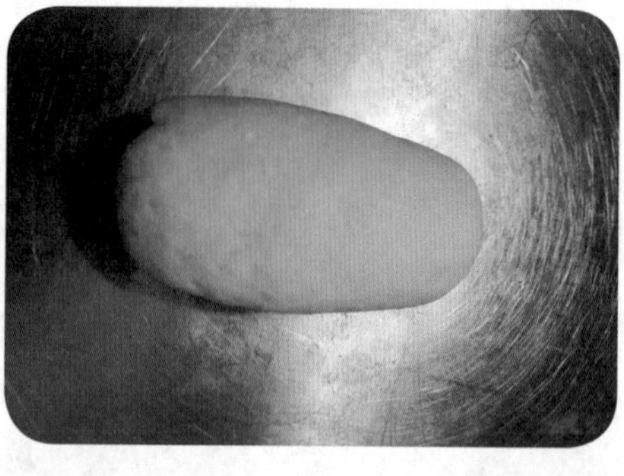

d)

图 2–2　加粉烫面法的操作步骤

a）沸水下面粉　b）面与沸水搅匀熟透　c）摊开晾凉　d）揉成面坯

4. 热水面坯的调制技术要领

（1）掺水量要准确

热水面坯调制时的掺水量要准确，水要一次掺足，不可在面成坯后调整，补面或补水均会影响主坯的质量。

（2）热水要浇匀

热水与面粉要均匀混合，否则坯内会出现生粉颗粒而影响成品品质。

（3）散尽面坯中的热气

面烫好后，必须摊开冷却，再揉和成团。否则，制出的成品表面粗糙，易结皮、开裂，严重影响质量。

（4）防止风干

面和好后，要盖湿布或保鲜膜，防止表面风干结皮。

技能要求

技能　热水面坯的调制——加水烫面法

一、操作准备

1. 原料

主要原料及用量见表 2–1。

表 2–1　主要原料及用量　　g

原料	用量
面粉	500
水	400

2. 设备与器具

案板、盆、擀面杖、筛、量杯、秤、湿布或保鲜膜。

二、操作步骤

步骤 1　称料

称量面粉，过筛后置于盆中；用量杯量好沸水或量好水后烧沸。

步骤 2　烫面

将沸水倒入面粉中烫制，用擀面杖迅速搅拌均匀。

步骤 3　散热

将烫面倒在案板上，摊散，平铺在案板上，散尽面中热气。

步骤 4　揉面

在凉透后的烫面上洒点凉水，再揉成团，揉匀揉透，使面坯滋润光滑。

步骤 5　醒面

在面坯上盖上湿布或保鲜膜，静置醒面。

使用加水烫面法调制热水面坯的过程如图 2-3 所示。

a)　b)　c)　d)

图 2-3　使用加水烫面法调制热水面坯的过程

a）倒入沸水　b）用擀面杖搅拌　c）摊在案板上揉搓成团　d）加水烫面法面坯成品

三、操作要点

1. 根据不同种面粉的吸水率适当调节用水量，水要一次加足，不宜在成团后调整。

2. 操作熟练、迅速。

3. 必须散尽面坯中的热气。

四、质量要求

面坯软硬符合制品要求，面坯不回软、发黏，便于擀皮、包捏。

培训项目 2 生坯成形

培训单元 有馅类水调面坯生坯成形

培训重点

1. 包的分类与成形方法。
2. 捏的分类与成形方法。
3. 钳花的分类与成形方法。

知识要求

一、生坯成形

成形是指用调制好的面坯，按照面点品种的要求，运用各种方法，制成不同形状的半成品或成品。

面点成形是面点制作工艺中一项技术要求高、艺术性强的重要工序。通过形态的变化，丰富了面点的花色品种，并体现了面点的特色。中式面点的形态丰富多彩、千姿百态，其成形方法也多种多样，归纳起来有包、搓、卷、捏、切、削、拨、叠、摊、擀、按、钳花、模具、滚沾、镶嵌、挤注等十几种，大部分的面点成形都需要用两种或两种以上的成形方法，其中最常用的有包、捏、钳花等。

1. 包制成形的方法、要领及应用

包是指在制好的皮子或其他现成的皮料（如棕叶、蕉叶等）中包入馅心，使之成形的一种工艺技法。

包法常与其他成形技法如卷、捏等结合在一起运用，也往往与上馅方法结合在一起使用，如包入法、包拢法、包捻法、包裹法等，总体要求是：馅心居中，规格一致，手法正确，形态美观。

（1）包入法要领及应用

包入法比较简单，是将馅心包入后，制成圆球形或枣形、圆饼形等，生坯表面无褶皱及花纹，如麻团、汤圆、白皮酥等。

（2）包拢法要领及应用

包拢法是用左手托着面皮，右手上馅，在加馅料的同时，左手五指将皮子四周向上收拢，拇指与食指从腰处慢慢收紧，下端呈圆鼓形，上端呈花边，形似小白菜或石榴，此种包法多用于烧卖的制作。

（3）包捻法要领及应用

包捻法是用左手拿一叠皮子（一般为梯形或三角形），右手拿尺板，挑一点馅心往皮上一抹，朝内滚卷，包裹起来，抽出尺板，两头一捻即成，这种方法适用于包馄饨。

（4）包裹法要领及应用

包裹法多用于制作粽子，粽子形状较多，有三角形、四角形、菱形等。三角形和菱形粽子的包法相同，先将两张粽叶合在一起，扭成锥形筒，灌进江米，然后包成菱形或三角形即可。四角形粽子的包法，是先使两张粽叶的箭头对称，各叠 2/3，折成三角形，放入江米，左手将其整理成长形，右手把没有折完的粽叶往上推，与此同时把下边的两角折好，再折上边第四角，即成四角形粽子。所有粽子均要用草绳扎紧，如四角形粽子，先用草绳把头部两角处绕紧两圈，移向中间绕两圈，左手将粽子掉头再绕两圈，两头草绳并拢，合在一起一转，绕里塞进，从另一头拉出拉紧即成。在包时应注意两张粽叶要一正一反，两面都要光洁。

2. 捏制成形的方法、要领及应用

捏是将有馅心或无馅心的坯皮，经过双手的指上技巧，按照不同制品的形态要求进行造型的一种方法。

捏法较为复杂，难度较大，技术要领强，特别适于制作形态多样的花色面点品种，例如动植物造型的象形点心，既要形态美观又要形象逼真，需要捏制成形。捏与包经常联合使用，有时还须借助各种小工具进行成形，如铜花钳、剪刀、小梳子、镊子等。使用的方法、动作也是多种多样，从捏的动作细节看，可将其细分为挤捏、推捏、叠捏、扭捏、提褶捏等多种手法。

（1）挤捏法要领及应用

挤捏是通过双手挤捏，使皮坯边沿黏合在一起的方法。挤捏是捏法中最简单的一种手法，常用于水饺的成形。其操作手法是：左手托皮，右手上馅，将坯皮的边沿部位合拢、对齐，双手食指弯曲在下，拇指并拢在上，用力挤捏皮子的边沿部位，使其黏合。操作时应注意坯皮边沿要对齐，挤捏要紧，不能漏馅，包馅部位不能挤压，以防影响制品形态或漏馅。

挤捏的技术要领主要有以下几点：一是挤捏时，双手拇指用力要均匀，既要捏紧、捏严，使皮坯边沿粘牢，又要注意拇指的用力点应在皮坯边沿，否则会将制品腹部挤破而漏馅；二是加馅适量，根据品种要求掌握皮与馅的比例；三是挤捏时注意不要将接缝部分挤捏得太宽，以免将中间面皮挤薄，而导致破皮漏馅。

挤捏一般适用于水饺制品成形。挤捏如图 2–4 所示。

（2）推捏法要领及应用

推捏是指用手指边推边捏后，在制品的皮坯边沿留下一排花纹的方法。其操作手法是：上馅后左手托住生坯，右手拇指和食指捏住皮坯边沿，向前推捏，连续前行，形成完整的花边。

推捏的技术要领如下：一是皮坯边沿一定要对齐，推时用力要均匀、轻柔，花纹一致；二是皮坯厚度要合适，太厚则花纹过粗，太薄则花纹不明显且容易破碎。推捏分为双边推捏和单边推捏两种。推捏一般用于金鱼饺的背鳍、青菜饺的叶子、知了饺的翅膀等的成形。推捏如图 2–5 所示。

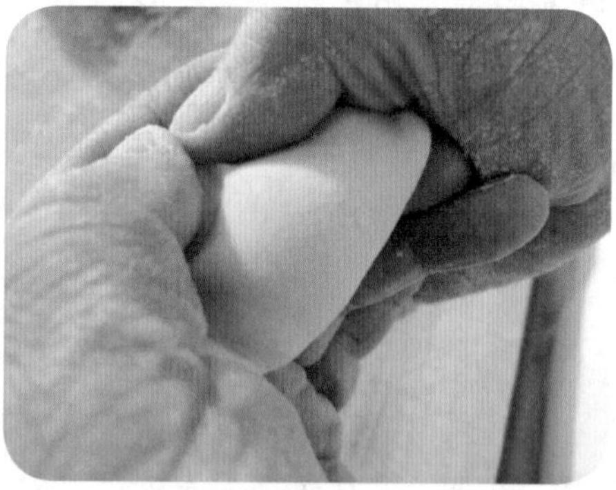

图 2–4　挤捏

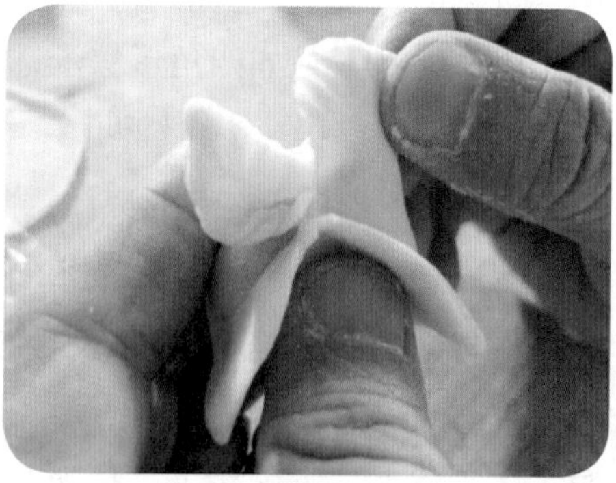

图 2–5　推捏

（3）叠捏法要领及应用

叠捏又称折捏，是指将坯皮分成若干等份后，再叠起来捏紧，使之形成若干个孔洞的方法，是制作有洞眼的花色饺的基本手法。

叠捏的技术要领是要将坯皮按制品成形要求分成若干均匀的份，这样捏出来的孔洞才能做到大小一致。如鸳鸯饺操作时把皮子两边向中间对准，在中间一捏，再把两端的两个口的角叠捏紧，左右有两个小孔洞，上下有两个大孔洞即成。这种手法主要运用于各种花色饺的成形，如鸳鸯饺、一品饺、四喜饺、梅花饺等。叠捏如图 2–6 所示。

（4）扭捏法要领及应用

扭捏又称锁边，是将双层坯皮叠合后，用拇指和食指先将封口的边缘捏紧，并用力捏出少许凸出的外沿，再将其向上翻，同时向前稍移再捏，再翻，这样反复进行，直至将制品边缘捏完，形成均匀的绳状花边。

扭捏技术要领如下：一是注意扭捏面积不可太大，用力要适度，使成形品种形象美观；二是皮坯的边沿不能捏得太薄，否则花纹不明显；三是扭捏时一般是指尖用力，手指向前扭捏移动的距离要一致，这样花边才均匀美观。这种成形手法主要用于眉毛酥、酥盒等容易漏馅的油酥品种，既可使坯皮边沿结合紧密，又可使其形态美观。扭捏如图 2–7 所示。

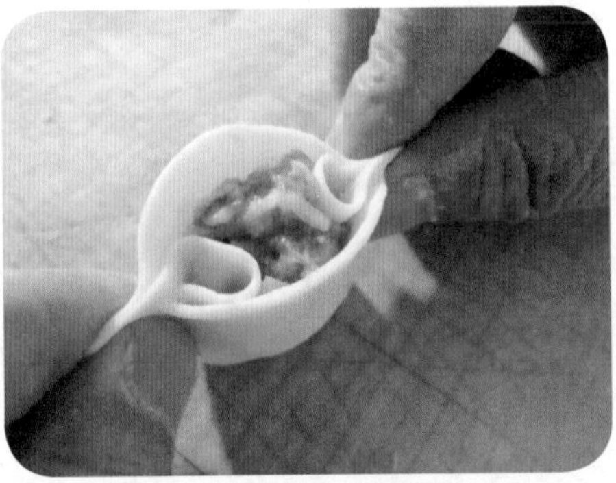

图 2–6　叠捏

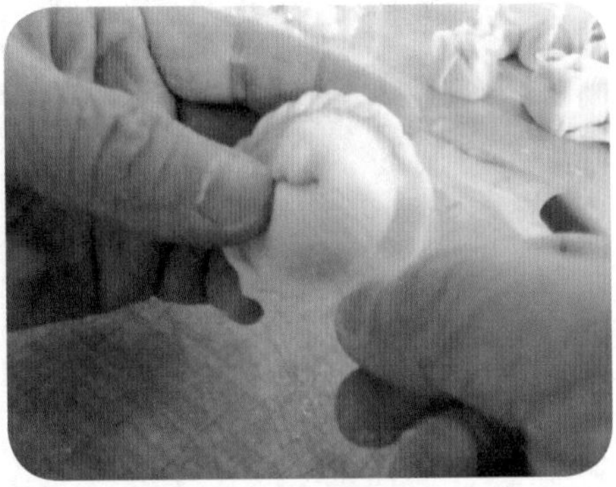

图 2–7　扭捏

（5）提褶捏法要领及应用

提褶捏又称提捏，是制作提褶包的成形手法，具体手法是：左手托面皮，五指向上弯曲，使皮坯在手中呈凹形，放上馅心稍按实，右手拇指与食指捏住皮坯边缘，拇指在内（上），食指在外（下），左手顺时针方向转动制品底部，右手拇指与食指在原位置将堆挤过来的面皮捏紧并向上提一提，重复此动作直至提捏成一圈均匀的褶皱，最后收紧口或收口成鱼嘴形圆圈。

提褶捏的技术要领如下：一是提拉的幅度不宜过大，二是褶与褶的间距相等，三是收口时尽量不破坏褶纹。提褶捏主要适用于各种包子的成形，如汤包、鲜肉包、小笼包等。提褶捏如图 2–8 所示。

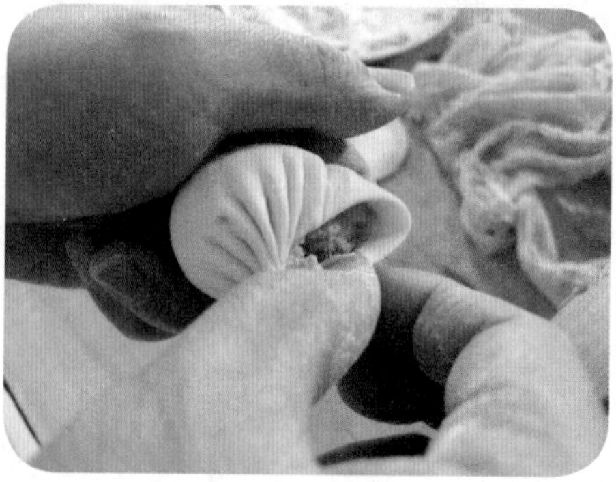

图 2–8　提褶捏

3. 钳花成形的方法、要领及应用

钳花是指用各种花钳类的小工具在面坯（面皮）的表面钳夹成形的成形技法。

经常使用的花钳种类有尖锯齿状的、圆锯齿状的、稀齿的、密齿的、平口无齿的，还有钳上有沟纹的，它们都可以钳夹出不同的花样。钳花的方法多种多样，可在生坯的边上竖钳或斜钳，也可在生坯的上部斜钳出许多花纹图样，还可以钳出各种小动物的羽、翅、尾纹，以及鱼的鳞片、尾、鳍等造型。

钳花成形的技术要领如下：一是钳花时，不要钳得太深，防止破馅，影响成品质量；二是调制面坯不宜太软、太黏，否则容易黏钳，并导致形状及纹路模糊；三是根据不同制品要求合理选择花钳的种类与钳花的手法。钳花成形主要适用于荷花包、核桃包、船点、水晶饼等的成形。钳花成形如图 2–9 所示。

a)

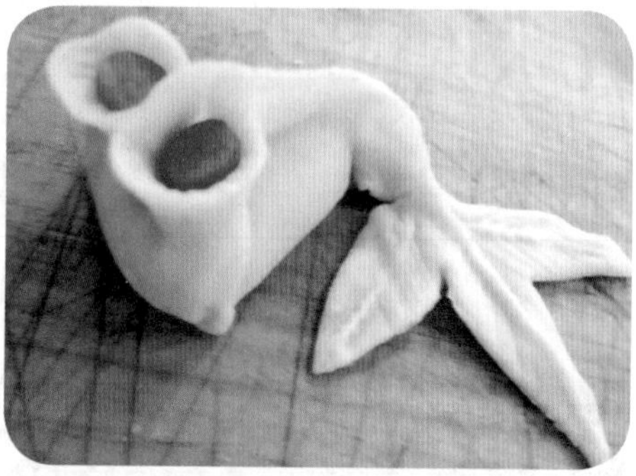

b)

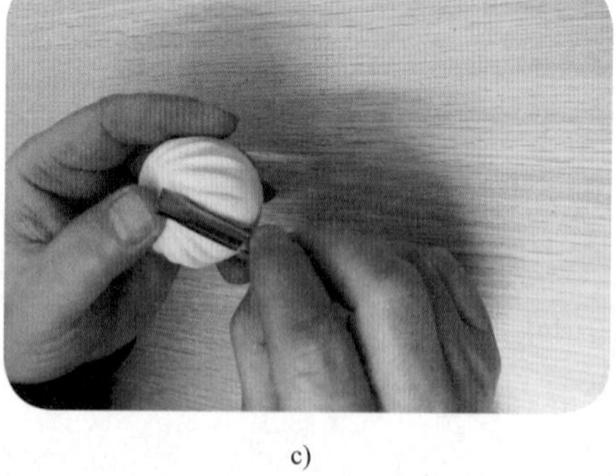

c)

d)

图 2–9　钳花成形

a）花镊子钳花　b）钳鱼尾纹　c）平口镊子钳花　d）钳五仁包

二、馅心对生坯成形的影响

1. 馅心变化有美化制品的作用

有些面点由于馅料的搭配与装饰，形态更为优美、逼真。例如各种花色蒸饺，在生坯成形后，还需要在孔洞内添加各种颜色的馅料，如火腿、虾仁、青菜、蟹黄、蛋白、蛋黄、香菇、木耳、豌豆等，使制品色泽鲜艳、形态生动。再如制作各种松糕和八宝饭，常用馅料在表面做成各种图案的花纹，使其形态更加美观，富有艺术性。

2. 馅心的软硬程度直接影响制品的造型

由于馅料的性质和调制方法不同，制作的馅心有软、硬、干、稀等区别。比较干、硬的馅心有撑住坯皮、便于操作、成品不易变形的作用。松、软的馅心包入皮坯后，则有不易硌破皮坯的优点。只有合理地利用这些性质，才能保证制品的造型。如制作花色蒸饺的馅心应稍干硬些，这样可使成品不塌架、不变形。制作蟹壳黄的馅心不可太硬、太干，否则在擀制成形时容易硌破或拱破皮坯。搅面馅饼则要求馅心干爽而不带水分，液体调味品要少用或不用，以更好地展现其皮薄如纸的特色。制作油炸酥皮制品时，宜选用熟馅，这样可防止炸制时出现外表破裂的现象。由此可见，馅心与成形有密切的关系，馅心必须根据面点的皮坯性质和成形特点做不同处理。

3. 包馅比例对造型的影响

各种包馅面点制品必须结合其不同特点，在坯料重量和馅心重量之间掌握好适当的配合比例。一般来说，包馅数量的多少与成形技术有关，成形技术高的，馅心就能多包一些，反之就少包。但制品包馅的多少，并不是无限度地随意包制，而应根据制品的不同特点来掌握。由于面点品种不同、性质有别，馅心与坯料相辅相成，凡包馅比例符合规律的，就能更好地反映出不同品种的特色，反之则影响制品质量。例如，开花包子制品具有坯料松软、开花的特点，故只能包入少量的馅心，以衬托坯料，否则就会破坏或者突出不了开花包子的特色。因此，恰当掌握各种有馅品种的包馅比例，也是面点制作的一项重要技术。

技能要求

技能 1　水饺生坯成形

一、操作准备

1. 原料

主要原料及用量见表 2–2。

表 2–2　主要原料及用量　g

原料	用量	原料	用量
面粉	500	猪肉馅	500
水	220 ~ 250		

2. 设备与器具

筛、案板、秤、盆、擀面杖、馅尺。

二、操作步骤

步骤 1　和面

面粉过筛，加冷水和成冷水面坯，揉搓光滑，醒面。

步骤 2　制皮

将面坯搓条、下剂，擀成边缘薄、中间稍厚、直径为 8 cm 的圆形面皮，即成水饺皮。

步骤 3　成形

将猪肉馅包入水饺皮，面皮两边对折包馅，挤捏成木鱼形，即成水饺生坯。

水饺生坯成形过程如图 2–10 所示。

三、操作要点

1. 根据所用面粉的吸水性能调节好加水量，掌握面坯的软硬度。
2. 剂子大小合适，制饺子皮时，擀的皮子要求是边缘薄、中间稍厚的圆形。
3. 上馅和挤捏时，饺子皮边缘不要有馅心，更不能漏馅。

四、质量要求

大小均匀，皮薄馅足。

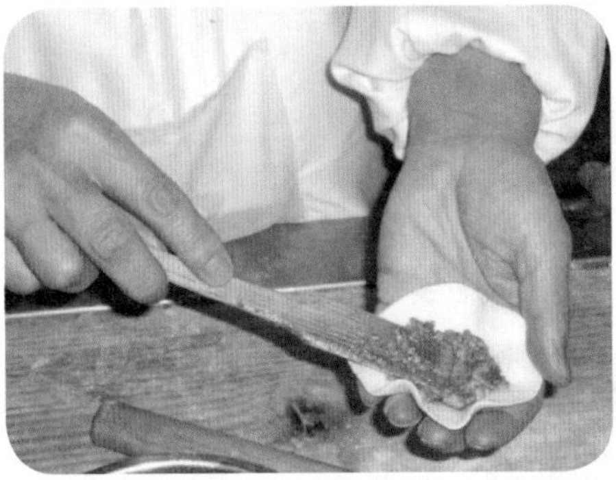

a)

b)

c)

图 2–10 水饺生坯成形过程

a）上馅 b）对折成形 c）水饺生坯

技能 2 鸳鸯饺生坯成形

一、操作准备

1. 原料

主要原料及用量见表 2–3。

表 2–3 主要原料及用量 g

原料	用量	原料	用量	原料	用量
面粉	500	虾仁馅	500	青菜末	20
水	350	火腿末	20		

2. 设备与器具

筛、案板、盆、擀面杖、秤。

二、操作步骤

步骤 1　和面

面粉过筛，用 80 ℃的热水烫制面粉，揉匀，撕成小块，散尽热气，再揉匀后醒面。

步骤 2　制皮

将面坯搓条、下剂，擀成边缘薄、中间稍厚、直径为 8 cm 的圆形饺子皮。

步骤 3　成形

取一张饺子皮，放入馅心，先用拇指将两边对折捏住中心，分成两等份，手指不松开，再把两端向中间合拢但不粘连，分别将前后两个角粘住捏紧，使两个手指头位置形成对称的两个小窝。

步骤 4　点缀

用火腿末和青菜末分别填满对称的小窝，稍按平即成生坯。

鸳鸯饺生坯成形过程如图 2–11 所示。

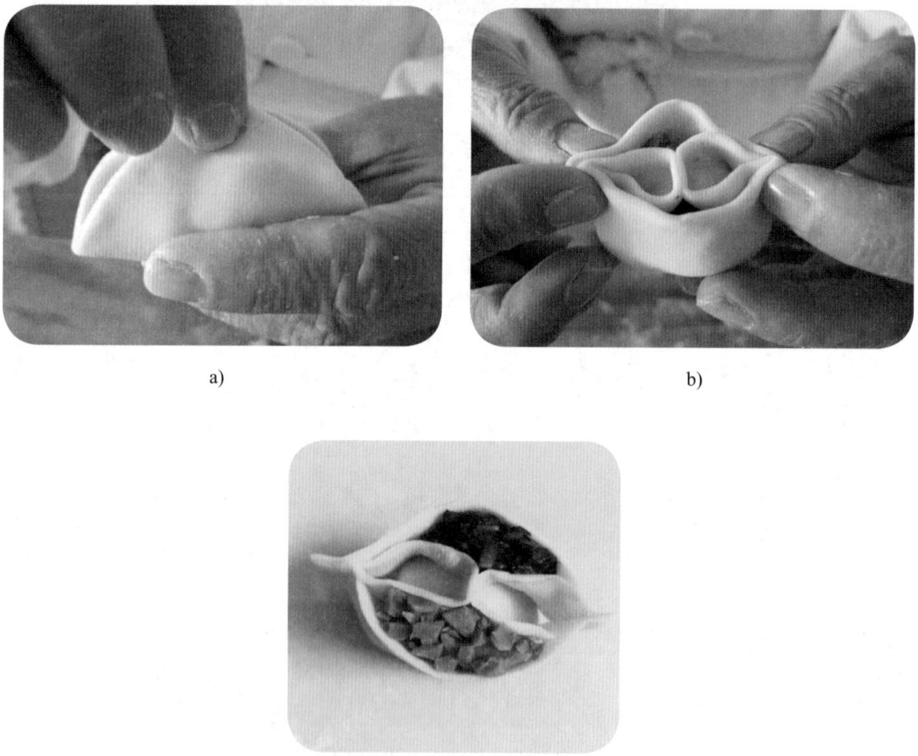

a)　b)　c)

图 2–11　鸳鸯饺生坯成形过程

a）对折将中心捏住　b）转 90°后分别将两端捏住　c）鸳鸯饺生坯

三、操作要点

1. 面坯要烫至七成熟，软硬适中。

2. 捏制时，面皮要均匀分成等份，孔洞大小要一致，高低要一样，各面皮接口处捏紧捏牢。

四、质量要求

大小均匀，形状端正、一致。

技能 3　猪肉烧卖生坯成形

一、操作准备

1. 原料

主要原料及用量见表 2–4。

表 2–4　主要原料及用量　　g

原料	用量	原料	用量
面粉	500	猪肉馅	500
水	400	火腿末	20

2. 设备与器具

案板、盆、烧卖槌、擀面杖、馅盘、馅尺、湿布或保鲜膜。

二、操作步骤

步骤 1　烫面

将面粉放入盆内，浇入沸水，用擀面杖迅速搅拌均匀，尽量将面粉烫熟，再将烫熟的面摊到案板上晾凉。

步骤 2　醒面

面凉透后，揉搓成光滑滋润的面坯，盖上湿布或保鲜膜静置。

步骤 3　制皮

面坯搓条、下剂，稍按扁后将剂子逐个埋于面粉中，再用烧卖槌将剂子擀成荷叶边状面皮。

步骤 4　成形

取一张烧卖皮，用馅尺上馅，采用包拢法收口包成直立的大白菜状生坯，将生坯直立放在刷过油的笼屉上，在每个生坯顶端撒一些火腿末。

猪肉烧卖生坯成形过程如图 2-12 所示。

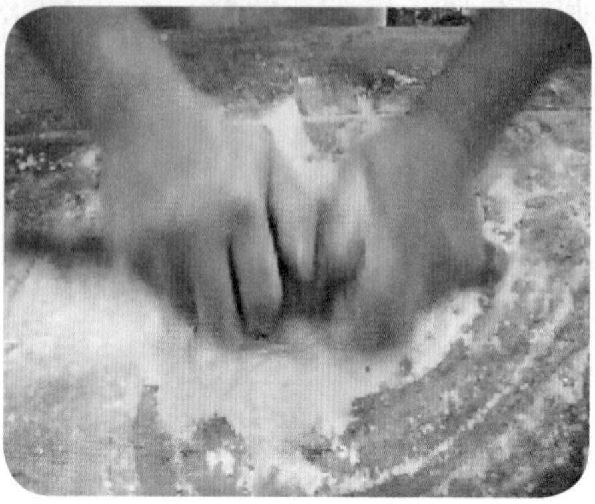

a)

b)

c)

d)

e)

图 2-12　猪肉烧卖生坯成形过程

a）擀皮　b）烧卖皮成形　c）上馅　d）成形　e）烧卖生坯

三、操作要点

1. 掌握面坯的吃水量和软硬度。

2. 烫面动作迅速，尽量烫熟。

3. 擀皮技术过关。

4. 掌握包拢法。

四、质量要求

成品形如挺立的大白菜，色泽暗白。

培训项目 3 产品成熟

培训单元 1 煮制有馅类水调面坯制品

培训重点

1. 煮制法的技术要领。
2. 用煮的成熟方法熟制有馅类水调面坯制品。

知识要求

一、煮的概念

煮是把成形的生坯放入锅中用水加热，以水作为传热介质使制品成熟的一种熟制方法。煮的使用范围较广，一般适用于冷水面坯制品、米及米粉类制品等的熟制，如水饺、馄饨、面条、元宵、粽子、汤团等。

二、煮制原理

制品生坯入锅煮制时，沸水通过热对流将热量传递给生坯，生坯表面受热，通过热传导的方式，使热量逐渐向内渗透，最后制品内外均受热成熟。在成熟的过程中，制品中蛋白质的热变性和淀粉的糊化作用在不同温度阶段发生变化，随着温度的不断升高，蛋白质最后变性凝固，淀粉颗粒吸水膨胀、糊化，成熟原理与蒸制基本相同。

三、煮制法的技术要求

1. 根据品种不同，准确掌握用水量

适于煮制的面点种类很多，通常分为两类。一类是成形的面点生坯，如汤圆、水饺等，煮制时加水量要充足，要求水要“宽”，水量是生坯的几倍，这样能使生坯在水中充分地翻滚，并使其受热均匀，不粘连，汤不易浑浊，清爽利落。另一类是粥类、饭及甜羹制品等，水量要放准，以保证成品质量。

2. 根据品种不同，确定生坯入锅的水温

大多数面点制品都要求沸水下锅，因为蛋白质变性和淀粉的糊化需要在 60 ℃以上的温度条件下才能发生，只有水烧开后才能保证生坯入锅后的水温不低于 60 ℃，以保证制品质量。煮制米饭和粥类则可以冷水下锅，加热烧开。

3. 生坯下锅时要适当搅动，避免粘锅和相互粘连

生坯下锅时，面皮中的淀粉受热，在水的作用下会产生很大的黏性，容易造成粘锅和相互粘连，因而需要边下边搅动，使锅中的水转动起来，在煮制过程中同样要不时地搅动，防止制品出现相互粘连和粘锅底的现象。

4. 根据制品的特点，使用不同的火力

面点生坯煮制时一般都要求火旺水沸，煮的过程中要求水面保持微沸状态，不能大翻大滚。有些品种下锅后，盖锅盖与开锅盖要交替进行，如水饺等。这是因为开盖煮制时，表面只有一个大气压，水的传热只能作用于表皮。盖上锅盖煮制，气压上升，热量传导到馅心，使馅易熟。这就是俗话说的“盖锅烂馅，敞锅烂面”。

5. 根据品种不同，掌握好煮制时间

根据品种的大小及成熟难易程度，掌握好煮制时间，及时起锅，既不能使制品不熟，又不能煮得太过，影响风味及形状。

6. 在连续长时间煮制时，要不时地往锅中补充水

在连续煮制时，锅中水会逐渐蒸发减少，要及时补充水。如水变得浑浊，则要重新换水，保持锅内水质清洁，以保证成品质量，如煮粽子等。

7. 煮制过程中注意“点水”

为了使含馅生坯在煮制过程中保持外形，避免被翻腾的沸水冲破漏馅，如果使用不容易控制火力的加热设备就需要进行“点水”，以保持锅内水的微沸状态，即“沸而不腾”。

技能要求

技能　煮馄饨

一、操作准备

1. 原料

主要原料及用量见表 2–5。

表 2–5　主要原料及用量

原料	用量	原料	用量	原料	用量
馄饨生坯	20 个	清水	1 000 g	高汤	250 g

2. 设备与器具

炉灶、煮锅、手勺、笊篱、碗。

二、操作步骤

步骤 1　烧水

煮锅内先加清水，将水烧沸。

步骤 2　煮制、装碗

水沸后将馄饨下锅，以手勺轻轻推动，防止馄饨生坯沉底、相互粘连。馄饨煮至浮起，在锅的四周点一些冷水（不能浇在馄饨上）略煮，水再开时即可用笊篱捞出馄饨，放入装有高汤的碗中。

煮馄饨操作步骤如图 2–13 所示。

a)

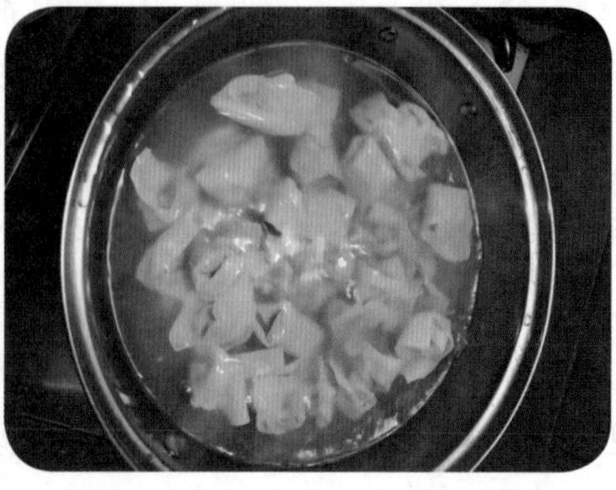

b)

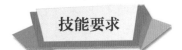

c)

d)

图 2-13 煮馄饨操作步骤

a）将水烧开 b）馄饨下锅 c）煮制 d）煮馄饨成品

三、操作要点

1. 沸水下锅。馄饨必须沸水下锅，冷水下锅会使馄饨生坯粘连破皮。

2. 水量要足，控制好生坯数量。

3. 适当“点水”。馄饨皮薄，容易破皮，火力不宜太大。

4. 煮制时间不宜太长，馄饨成熟后，要及时起锅。

5. 在连续煮制时，要不断加水，发现水浑浊时，要及时换水，以保持汤水清澈。

四、质量要求

成品形状完整，成熟度适宜，具有成品固有的风味。

培训单元 2 炸制有馅类水调面坯制品

培训重点

1. 炸的定义和炸制原理。

2. 炸制法的技术要领。

3. 用炸的成熟方法熟制有馅类水调面坯制品。

知识要求

一、炸的定义

炸是以油脂作为热传递介质，使生坯成熟的方法。炸制时，将生坯放入已加热到一定温度的油锅中，利用油脂传递热量使生坯成熟。

二、炸制原理

炸制时，油可以快速而均匀地传导热能，食品表面温度迅速升高，水分汽化，表面出现干燥层，形成硬壳。食品内部随温度升高逐渐成熟。同时食品表面发生焦糖化反应，部分物质分解，产生油炸食品特有的色泽和香味。

三、炸制法的技术要领

1. 正确掌控油温

炸制面点，要精准掌握油脂的烟点、沸点、燃点。

（1）烟点

烟点是指油脂受热时肉眼能看见其热分解物开始连续挥发的最低温度。油脂的烟点是油脂质量指标之一，油脂的精炼程度越好，烟点越高，一般在 240 ℃左右，未精炼的油脂的烟点一般为 160 ~ 170 ℃。油脂如长时间用于炸制面点制品，油内杂质增多，烟点则会下降。

（2）沸点

油脂的沸点，又称闪点，即最初发生火焰闪光的温度，一般为 320 ~ 380 ℃。

（3）燃点

油脂的燃点，又称着火点，即加热至起火燃烧的温度，一般为 250 ~ 380 ℃。

不同种类的油脂，其烟点、沸点、燃点都不一样。一般油脂加热到 300 ℃就开始接近燃点了，所以，油炸制品选择的温度不会超过 300 ℃。行业里一般用“成”来描述油炸温度，即每“一成油温”为 30 ℃，五成油温为 150 ℃，十成油温为 300 ℃。

2. 根据不同的制品选择恰当的油温

油温的高低直接影响制品的质量。油温低了，制品色泽较淡，并且耗油量较大，这时就需要通过调大火力或减少锅内油量来调整。油温高了，制品不酥不脆，易出现焦煳、层次张不开等现象。

油温的测定方法有温度计测量和凭实践经验两种。现在判定油温可使用温度计测量，方便又准确。油温过高时应采取控制火源、将锅离火、添加冷油等处理方法。

3. 保持油脂的清洁

油脂也是一种溶剂，能溶解多种有机物。多次炸制后的油脂会有很多的异味物质及焦枯物，影响热传导，会污染制品，使制品口味不正、色泽不佳。

4. 使用油量与生坯数量要适当

油量的多少与生坯的数量要适宜，一般用油量宜多不宜少，确保生坯被炸透，同时，油量要能保证油温在下生坯后变化不大，甚至在油锅端离火位时，仍能保持较高的温度，避免制品沉底焦化。

技能要求

技能 炸馄饨

一、操作准备

1. 原料

主要原料及用量见表 2–6。

表 2–6 主要原料及用量

原料	用量	原料	用量
馄饨生坯	若干	液态植物油	500 g

2. 设备与器具

油锅（电炸锅）、笊篱、手勺。

二、操作步骤

步骤 1　准备工作

清洁好所用的工具及油炸设备，选择制品生坯和炸制油品。

步骤 2　炸制

将植物油倒入油锅中加热，油温升至 150 ~ 160 ℃时，将馄饨生坯下油锅，用手勺轻轻推动生坯使之受热均匀，将馄饨炸至金黄色，即可用笊篱捞出。

炸馄饨操作步骤如图 2–14 所示。

a)　b)　c)

图 2–14　炸馄饨操作步骤

a）准备馄饨生坯　b）油炸馄饨　c）炸馄饨成品

三、操作要点

控制好油温，加热时间适当。

四、质量要求

色泽金黄，外皮酥脆，馅心干香。

培训单元 3　烙制有馅类水调面坯制品

培训重点

1. 烙制成熟的技术要领。
2. 用烙的成熟方法熟制有馅类水调面坯制品。

知识要求

一、烙的定义

烙是指通过金属传热使生坯成熟的方法。烙的热量直接来自温度较高的锅底，生坯与锅体接触，两面经反复烙制，即可成熟。

二、烙制原理

将金属锅底加热，使锅体温度升高，当生坯的表面与锅体接触时，热量由金属锅体向生坯传递，使生坯受热升温，同时，热量也从生坯表面向生坯里面传递，经两面反复与热锅接触，生坯就逐渐成熟了。

三、烙制的种类

根据烙制过程中是否有加油、加水等操作，烙制方法主要分为干烙、油烙和加水烙三种。

1. 干烙

干烙是指烙制过程不放油的烙制方法。

2. 油烙

油烙是指烙制过程中使用一定量的油刷在制品表面的烙制方法。

3. 加水烙

加水烙就是在烙制过程中，锅内加少许水，依靠水汽与金属一起传热使制品成熟的烙制方法。

四、烙制法的技术要求

1. 锅要洗干净

在烙制前，必须把锅边和锅体内的原垢和残留物除净，否则会影响制品的美观和卫生状况。

2. 控制好火候，火力均匀

尽量使锅底面受热均匀，火力一致。另外，较厚或带馅的生坯要求火力适中或稍低，时间则稍长；饼坯薄的生坯，则要求火力稍大，时间稍短。

3. 及时移动锅位和生坯位置，及时翻坯

烙制时要及时移动锅位和生坯位置，及时翻坯，须常进行“三翻四烙”“三翻九转”等操作，俗称“找火”。

4. 正确使用油刷和控制油量

刷油烙制时，使用油刷在生坯两面刷油要注意，不能用油刷直接刷锅体，只能在生坯表面快速刷扫。

5. 掌握加水量和加水方法

加水烙时，一次加水不宜过多。对于体积大、较难成熟的制品，可以采取少量分次加水的方式，并加盖增压，以达到使制品成熟的目的。

技能要求

技能　烙韭菜馅饼

一、操作准备

1. 原料

韭菜馅、温水面团、花生油。

2. 设备与器具

案板、炉灶、烙锅（电饼铛）、擀面杖、平铲、油刷。

二、操作步骤

步骤 1　和面

调制温水面坯。

步骤 2　制馅

调制韭菜馅。

步骤 3　成形

将面剂擀成直径 10 cm 的圆皮，包上馅心，收口朝下，按制成直径 8 cm 的圆饼。

步骤 4　烙制

烙锅烧热，锅内放少量花生油滑锅，然后将油全部倒出；放入饼坯，保持中小火加热，边烙边旋动锅体；观察饼坯，当底部稍上浅淡的色泽后将其翻面，表面刷油，等另一面上浅色后再翻面刷油，如此反复几次，直至烙成两面金黄、香脆且馅心熟透即成。

烙韭菜馅饼的操作步骤如图 2–15 所示。

三、操作要点

1. 火候适当

宜用中小火力。火力太小，烙制时间太长，馅饼难熟；火力太大，制品上色过快，容易造成外焦里不熟。

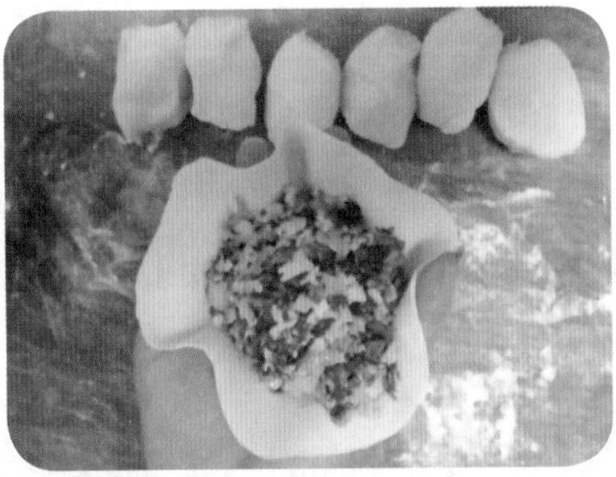

a)

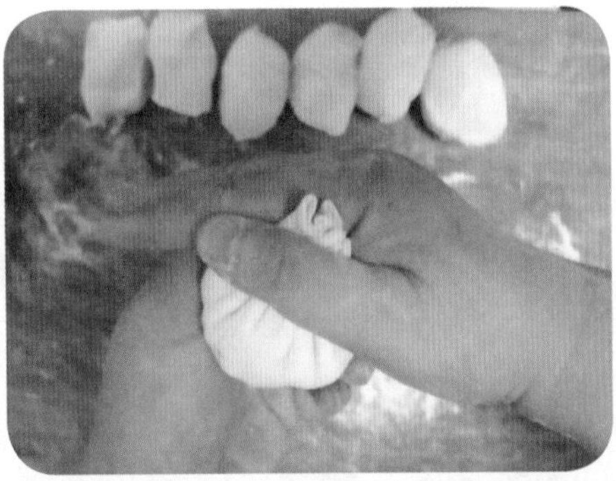

b)

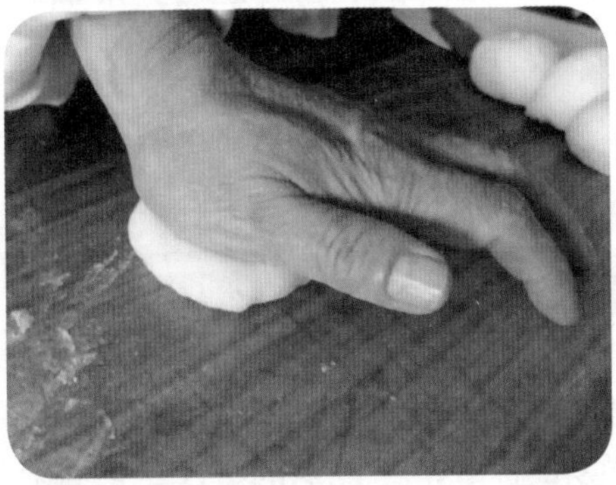

c)

d)

e)

f)

图 2-15　烙韭菜馅饼的操作步骤

a）上馅　b）包制　c）收口朝下，按制成形　d）翻面　e）两面呈金黄色　f）成品

2. 适当刷油

烙制时，双面需要适当刷油。不刷油则馅饼不酥脆，油的用量太多则会使馅饼油腻。

四、质量要求

色泽金黄，皮薄酥脆，馅足鲜美，口味清香。

培训单元 4　煎制有馅类水调面坯制品

培训重点

1. 煎制法的技术要领。
2. 用煎的成熟方法熟制有馅类水调面坯制品。

知识要求

一、煎的定义

煎是利用锅体的金属和油脂作为热传递介质使生坯成熟的方法。煎具有传热迅速，传热效率高，制品色泽美观、口感香脆的特点。

二、煎制原理

煎是将较少量的油加入平底锅中，使生坯在双重加热的作用下成熟。煎制成熟同样发生着淀粉的糊化和蛋白质的热变性反应，煎制法与炸制法的成熟原理有相似之处，即油脂的热对流加速了制品成熟；差别在于煎制过程中，制品的底部一直与锅底接触，温度最高，容易发生淀粉和蛋白质分解，发生焦糖化反应，使制品底部色泽金黄、酥脆。在采用水油煎法时，由于有水蒸气的作用，使得制品中间部分生坯及馅心部分在水蒸气的传热作用下较快成熟，并且保持了水润饱满的状态，产生了蒸的效果，而底部因为锅底的高温导热和油脂的传热，形成一层金黄焦香的面皮，制品底部和上部形成了两种不同口感，别有风味。

三、煎制法的种类和技术要求

煎制时常常需要加少许水作为辅助传热介质，就出现了油煎法和水油煎法两种方法。

1. 油煎法

油煎法就是将平底煎锅烧热，把油均匀地布满锅底，再投入生坯，先煎一面，煎至变色则翻面再煎，煎至两面呈金黄色、内外都熟为止。

油煎法的技术要求是：制品由生到熟都不盖锅盖，制品紧贴锅底，既受锅底传热，又受油脂传热，与火候关系很大，一般用中等火力即可，煎至成品两面呈金黄色、馅心成熟。

2. 水油煎法

水油煎法就是煎的时候除了放油脂之外，还要加少量的水，产生蒸汽，既煎又蒸，使成品底部焦脆、上部柔软。水油煎制时一般都不翻面，不挪动位置，只有要求煎至两面脆的制品才要翻面一次。水油煎法主要适用于锅贴、煎包、煎饺等。

水油煎的制品由于受油脂、锅底和蒸汽三种传热的影响，因此成品特点是底部金黄、香脆，上部柔软、色白、油光鲜明，形成一种特殊风味。水油煎法操作时还应注意以下几个要点：

（1）不断移动锅位，使制品成熟一致。

（2）洒水后盖严锅盖，防止蒸汽散失而影响制品质量。

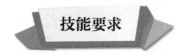

（3）掌握好火候。

技能要求

技能　煎锅贴

一、操作准备

1. 原料

主要原料及用量见表 2–7。

表 2–7　主要原料及用量　g

原料	用量	原料	用量	原料	用量
面粉	500	猪肉馅	500	油	150
水	300	小葱	100	调味品	适量

2. 设备与器具

案板、炉灶、秤、盆、擀面杖、刮板、平底煎锅（电饼铛）、平铲。

二、操作步骤

步骤 1　和面

调制温水面坯。

步骤 2　调馅

小葱切碎，与猪肉馅拌和调成鲜肉馅。

步骤 3　成形

锅贴皮跟饺子皮一样，擀成边缘薄、中间稍厚的圆形皮子，包上馅心后对折，中间捏紧即成锅贴生坯。

步骤 4　煎制

平底煎锅里淋点油，将捏好的锅贴生坯排在锅里，淋上少许水（或稀薄淀粉水），盖紧锅盖，加热煎制。边煎边晃动煎锅，防止制品粘锅。待锅内加的水挥发完，且馅心熟后，揭开锅盖，再淋点油，煎至制品底部有脆感即可。

煎锅贴的操作步骤如图 2–16 所示。

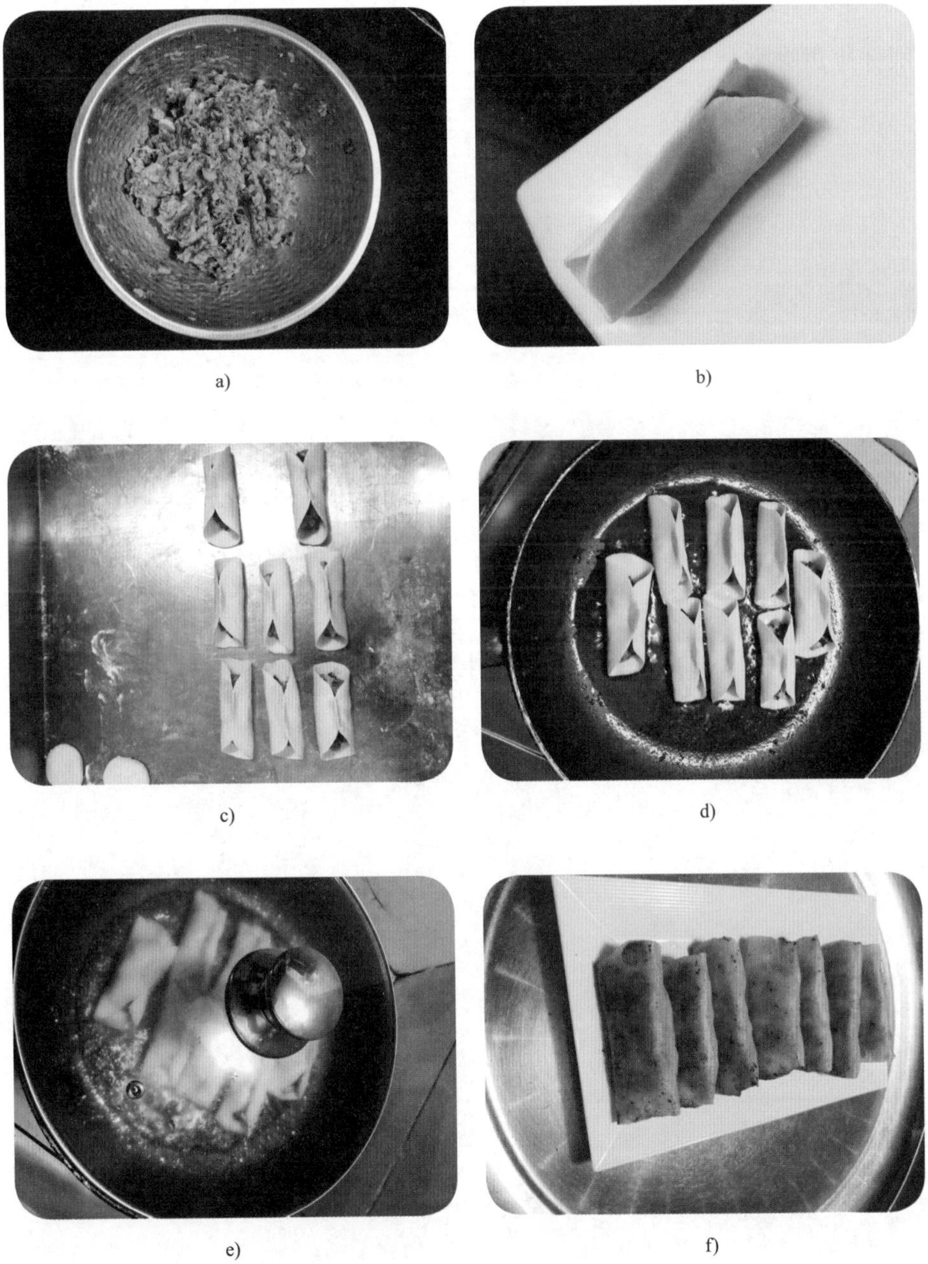

图 2–16 煎锅贴的操作步骤

a）调馅 b）包制 c）生坯成形 d）放入锅中 e）煎制 f）成品

三、操作要点

1. 火力均匀，不宜过大，以防外焦里不熟。

2. 掌握火候，油、水用量要适当。

四、质量要求

底部焦黄香脆，上部色白柔软，馅心鲜嫩多汁。

培训模块 三 膨松面品种制作

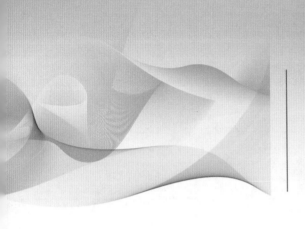

内容结构图

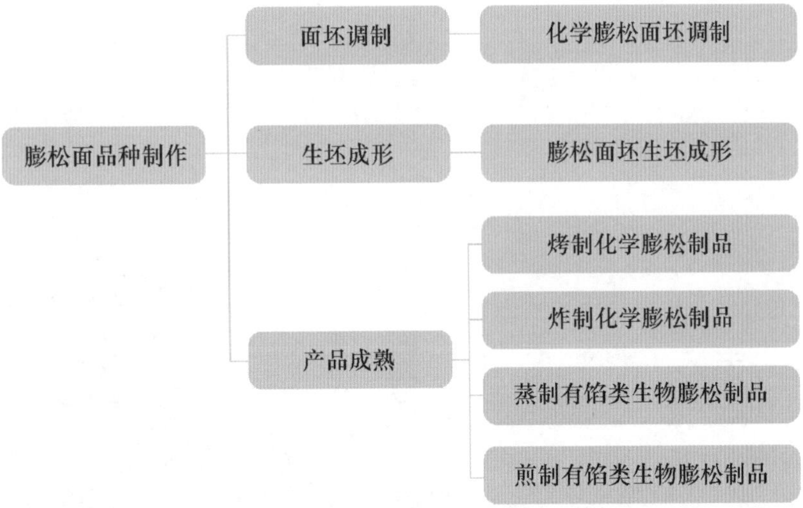

培训项目 1 面坯调制

培训单元 化学膨松面坯调制

培训重点

1. 面点制作常用油脂、糖、蛋、乳的种类及作用。
2. 化学膨松剂的种类及性质。
3. 化学膨松面坯的概念、特点和调制方法。
4. 化学膨松面坯调制的基本原理和影响因素。

知识要求

一、原料知识

1. 油脂

（1）面点常用油脂的种类

面点制作中常用的油脂有动物油脂类（荤油）、植物油脂类（素油）、加工油脂类（即由动植物油脂加工成的调和油和人造奶油）三大类。

1）动物油脂类。动物油脂类主要指从动物体中提炼的、常温下一般为固态的油脂，主要有猪油、奶油、牛油、羊油、鸡油和鸭油。

2）植物油脂类。植物油脂类主要指由植物种子经压榨得到的、常温下一般为液态的油脂。糕点常用的植物油有豆油、棉籽油、菜籽油、花生油、芝麻油、玉米油、茶油、向日葵籽油、核桃油等。

3）加工油脂类。面点制作中，加工油脂主要有人造黄油、起酥油等。

人造黄油也称麦淇淋，是奶油的代用品。人造黄油是以氢化油为主要原料，添加适量的牛乳、乳制品、乳化剂、防腐剂，再加入精盐、色素、香料等，经混合乳化加工制成的一种固体油脂，具有良好的延展性，其风味、口感与天然奶油相似，但营养价值远不如奶油。一般情况下，人造黄油的熔点为 35 ~ 38 ℃。

起酥油是指用各种动植物油加入 10% ~ 20% 的氨气、碳酸气、空气等进行特殊加工制成的人造奶油（含反式脂肪酸）。起酥油呈奶白色，具有较强的可塑性、乳化性等，加工性能好，是呈固态片状或具有流动性的油脂产品，其起酥性比一般动植物油更强。

（2）油脂在面点中的工艺性能

1）提高制品营养价值，为人体提供热量。

2）改进面坯质量，降低黏着性，便于操作。

3）调节面坯中面筋网络的形成程度，制成符合不同工艺要求的面坯。

4）使面坯层次丰满、松脆，制品香、脆、酥等。

5）馅心中加入油脂，使其更加美味可口，增进制品的风味。

6）美化、装饰面点制品。

7）降低面坯的吸水量，延长制品的存放时间。

2. 糖

（1）面点中常用糖的种类

糖在自然界中分布很广，种类也很多，面点制作中常用的糖有食糖、饴糖、蜂糖等。

1）食糖。食糖是由甘蔗或甜菜汁加工制得的。食糖味甜、营养丰富，既是供人们直接食用的食品，又是面点制作的重要原料。按食糖的色泽和形态可分为白砂糖、绵白糖、赤砂糖、冰糖等。

2）饴糖。饴糖又称麦芽糖、糖稀、米稀，属双糖类，早在我国汉代就已出现了。饴糖因米香浓郁、甜味柔和、营养价值高，长久以来不仅是老弱病幼的药用品，也是酱色、民间糖食制品的原料。

饴糖是富含淀粉的粮谷经蒸熟，在大麦芽酶的作用下制得的一种浅棕色、半透明、具有甜味的黏稠糖液。饴糖的成分主要是麦芽糖和糊精。

3）蜂糖。蜂糖也称蜂蜜，其主要成分为转化糖，其中葡萄糖占 36%，果糖占

37%，并含有少量蔗糖、糊精、果胶及微量蛋白质、色素、蜡、芳香物质、有机酸、矿物质及淀粉酶、过氧化酶、转化酶。

（2）糖在面点中的作用

1）增添营养，调剂甜味。糖是甜味的主要调味品，也是人体所需的营养物质，在面点中能增加成品的甜美滋味，提高成品的营养价值。

2）改进色泽。糖的焦糖化和美拉德褐变反应可使成品表面变成金黄色或棕色，变得光滑美观。

3）提供酵母营养。糖在面坯发酵过程中能供给酵母菌繁殖所需的养分和酵素分解产生气体的物料。

4）调节面筋的胀润度。在调制面坯时，适量地添加食糖，利用食糖的易溶性和渗透性作用，影响面坯中面筋蛋白质的吸水膨胀，调节面筋的形成程度。

5）使面点成品柔软。糖具有吸湿性，能吸收空气中的水分，使制品柔软。

6）装饰、美化制品。食糖常被滚粘或撒在制品的表面，或煮成焦糖来点缀成品，起到装饰、美化制品的作用。

7）延长制品的存放期。糖有较强的渗透能力，能抑制细菌的繁殖，起到防腐作用，可延长制品的保存期。

3. 蛋

（1）蛋及蛋制品的种类

蛋及蛋制品主要有鲜蛋、干蛋、冰蛋、咸蛋和松花蛋等，面点制作常用的蛋以鲜蛋为主。

1）鲜蛋。新鲜禽蛋种类很多，如鸡蛋、鸭蛋、鹅蛋、鸽蛋、鹌鹑蛋等，各种禽蛋在结构和化学组成方面大致相同，都是由蛋壳、蛋白、蛋黄三个主要部分组成的。

2）干蛋。干蛋是将品质良好的蛋打破去壳，取其内容物烘干或用喷雾干燥法制成的，有全蛋粉、蛋白粉和蛋黄粉三种。

3）冰蛋。冰蛋是将鲜蛋去壳，经低温冻结而成的。由于冰蛋采取的是速冻加工方法，因此蛋液的胶体特性没有被破坏，其质量与鲜蛋差别不大，食用也比较方便，易于保存（应放在 –10 ~ –8 ℃的冷库中），有冰蛋白、冰蛋黄和冰全蛋三种。

4）咸蛋和松花蛋。咸蛋和松花蛋也常用于面点制作中。常用的咸蛋大都为咸鸭蛋，主要取其固态的蛋黄，既可调制面点的主坯，也可以制作馅心或装饰成品；

松花蛋多用于制作皮蛋粥或点缀制品。

（2）蛋在面点中的作用

1）提高制品的营养价值，增加制品的风味。鸡蛋含有丰富的蛋白质，且属于完全蛋白质，所含的必需氨基酸的比例、种类适合人体的需要；所含脂肪多由不饱和脂肪酸构成，蛋黄中的卵磷脂能促进人体的生长发育，尤其对脑部组织的修复和保持能起到非常重要的作用；鸡蛋还含有丰富的无机盐类，维生素的品种与含量也较多。鸡蛋制作的成品，不但营养价值高，而且具有鸡蛋的天然风味。

2）改进面坯的组织形态，提高疏松度和柔软性。蛋清具有起泡性，是制作海绵状组织结构、松软蛋糕制品的基础物质。蛋黄中的卵磷脂能起乳化作用，使脂肪充分散在面团中，使面点组织细腻、质地均匀，是一种理想的乳化剂。

3）改进成品色泽。蛋黄的颜色是面点制品中黄色色彩的最主要来源。刷蛋液着色，是装饰和美化面点制品最普遍、最安全、最健康的方法。

4. 乳

（1）乳及乳制品的种类

乳及乳制品是面点制作中重要的辅助原料之一。乳及乳制品不但具有很高的营养价值，而且对面坯的工艺性能起到重要作用，常应用于高级点心的制作。中式面点中常用的乳及乳制品有鲜牛奶、奶粉、炼乳等。

1）鲜牛奶。鲜牛奶为乳白或浅黄色，略有甜味，稍有香味。鲜牛奶营养丰富，含有乳蛋白质、乳脂肪、乳糖、盐类、维生素等营养成分，易被人体吸收。

2）奶粉。奶粉是用新鲜牛奶或羊奶经过浓缩、喷雾、干燥制成的乳黄或淡黄色的均匀粉末。奶粉主要分为全脂奶粉、全脂加糖奶粉和脱脂奶粉三种。

3）炼乳。炼乳是由新鲜牛奶或羊奶经过严格消毒和蒸发浓缩制成的。炼乳可分为甜炼乳、淡炼乳、脱脂炼乳和全脂炼乳。炼乳色泽洁白，呈均匀液体状，具有鲜奶的乳香味。

（2）乳及乳制品在面点中的作用

1）使制品颜色美观，奶香突出，风味清雅。鲜奶色泽为乳白色或浅黄色，在面点制品中起增白的作用，乳糖与蛋白质在高温下的褐变也是一种理想的色泽；同时，各种乳品都有浓郁的奶香味，可使制品奶香突出，风味清雅。

2）增加制品的营养成分及含量。乳及乳制品是营养价值很高的食材，跟鸡蛋一样，乳里的蛋白质是一种完全蛋白质，各种营养成分齐全，比例适当，极易被人体消化吸收。

3）改进面团性能，提高制品质量。乳及乳制品具有良好的乳化性，可以改进面坯的胶体性能，促进面坯中油和水的乳化，调节面筋的胀润度，使制品膨松、柔软可口。

4）提高制品抗老化能力，延长制品的老化期。乳蛋白质、乳脂成分既具有乳化作用，也具有抗淀粉老化的作用。

5. 化学膨松剂

（1）化学膨松剂的概念

化学膨松剂又称化学膨胀剂、化学疏松剂。它是通过发生化学反应产生气体使制品体积膨大疏松，内部形成均匀、致密的多孔组织，从而使面点制品具有膨松、柔软或酥脆特性的一类化学物质。

（2）化学膨松剂的种类及特点

化学膨松剂可分为两类：一类是单一成分的化学膨松剂，如碳酸氢钠（$NaHCO_3$）和碳酸氢铵（NH_4HCO_3）；另一类是复合膨松剂，如泡打粉。

面点制作中经常使用的化学膨松剂主要有碳酸氢钠、碳酸氢铵和泡打粉三种。

1）碳酸氢钠的特点。碳酸氢钠俗称小苏打、食粉。它呈白色粉末状，味微咸，无臭味；在潮湿或热空气中缓缓分解，放出二氧化碳，分解温度为 60 ℃，加热至 270 ℃时失去全部二氧化碳，产气量约为 261 mL/g；pH 值为 8.3，其水溶液呈弱碱性。

2）碳酸氢铵的特点。碳酸氢铵俗称臭粉、臭起子。它呈白色粉状结晶，有氨臭味；对热不稳定，在空气中风化，在 60 ℃以上迅速挥发，分解出氨、二氧化碳和水，产气量约为 700 mL/g；易溶于水，稍有吸湿性，pH 值为 7.8，其水溶液呈碱性。

3）泡打粉的特点。泡打粉也称发酵粉。它是由酸剂、碱剂和填充剂组合而成的一种复合膨松剂。发酵粉的酸剂一般为磷酸二氢钙或酒石酸氢钾或柠檬酸，碱剂一般为碳酸氢钠，填充剂一般是淀粉。

泡打粉的膨松机理为：泡打粉中的酸剂和碱剂遇水相互作用，产生二氧化碳；填充剂的作用在于提高膨松剂的保存效果，防止其吸潮结块和失效，同时也有调节气体产生速度和使起泡均匀的作用。泡打粉呈白色粉末状，无异味，有些会添加甜味剂，略有甜味；水溶液基本呈中性，二氧化碳散失后，略显碱性。

二、化学膨松面坯的概念和特点

1. 化学膨松面坯的概念

化学膨松面坯是指在调制面团的过程中加入化学膨松剂，利用化学膨松剂在面坯受热后发生化学反应产生气体，使制品膨大疏松的一类面坯。

2. 化学膨松面坯的特点

（1）适用性广

化学膨松面坯中的膨松剂产气反应不受糖、油、乳、蛋等原料因素的限制，适用性广。

（2）工序简单、膨松力强、时间短

化学膨松面坯产气反应条件简单，只要加热达到一定温度，便可以发生化学反应产生气体，不像生物膨松面坯一样需要长时间发酵。

（3）成本低廉

化学膨松面坯所用的化学膨松剂成本比较低廉，可以降低生产成本。

三、化学膨松面坯调制的基本原理

化学膨松剂、面粉、辅料按一定的比例混合调制成面坯，熟制过程中，通过加热，膨松剂发生化学反应产生气体，从而使面坯体积膨胀，内部组织形成多孔海绵状结构，且有着比生坯大得多的体积。

四、影响化学膨松面坯调制的因素

1. 原料的因素

化学膨松面坯通常使用的原料有面粉、油脂、糖等，面粉面筋的强弱直接影响面坯的结构状态。高筋面粉调制的化学膨松面坯，持气能力强，成品体积膨大，内部组织孔洞大且均匀，质地柔软；低筋面粉调制的化学膨松面坯，组织结构松散，持气能力差，成品质地具有膨松、酥脆的特点。

2. 水温的因素

面点中使用的化学膨松剂大多受热发生反应放出气体，调制面团时宜采用冷水来调剂。

3. 化学膨松剂种类的因素

由于各种化学膨松剂的性质不一样，发生反应的温度也不一样，因此化学膨松面坯调制应该根据具体的制品要求，正确使用和选用化学膨松剂种类。

4. 化学膨松剂使用量的因素

常用的化学膨松剂或其水溶液一般都呈碱性，要正确掌握各种化学膨松剂的使用量。若使用过量，不但使面坯的碱性增强，影响色泽与口味，还会破坏一些维生素，使食品发黄或有黄斑。

技能要求

技能　化学膨松面坯的调制——油条面坯

一、操作准备

1. 原料

主要原料及用量见表 3–1。

表 3–1　主要原料及用量　g

原料	用量	原料	用量
中筋面粉	500	盐	8
无铝油条膨松剂	15	水	250

2. 设备与器具

案台、秤、盆、保鲜膜。

二、操作步骤

步骤 1　称量原料

将配方中的原料准确称量备用。

步骤 2　和面

将面粉过筛后倒入盆中，加入无铝油条膨松剂拌匀，将水与盐一起搅和后倒入盆中，用手将面揣揉均匀，“三光”后用湿布盖住面坯静置 1 h。

步骤 3　捣面

双手握拳，将面坯捣开，再抻拉面坯的上部边缘叠置于面坯中间，用手捣匀，再依次从四周抻拉面坯向中间叠，并依次捣匀。

步骤 4　醒面

用保鲜膜封好静置 4 h（室温低时可适当延长静置时间）。

油条面坯调制操作步骤如图 3–1 所示。

a)　b)　c)　d)　e)　f)

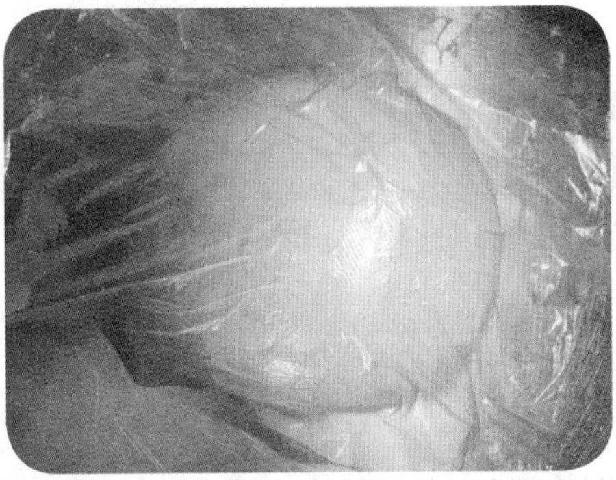

g)

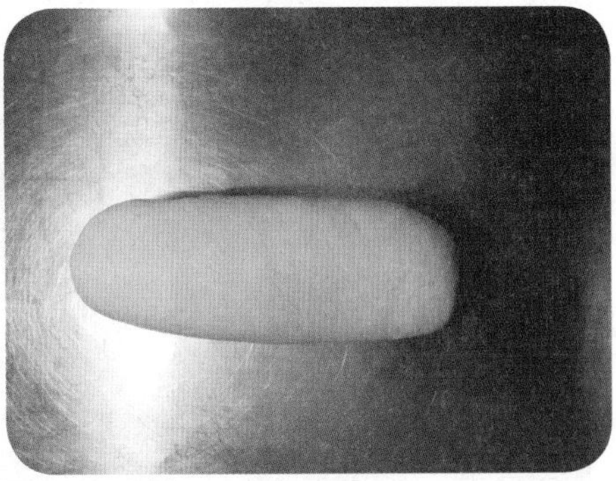

h)

图 3-1 油条面坯调制操作步骤

a）面粉与膨松剂拌匀 b）盐与水混合 c）和面 d）搅拌面坯
e）面坯揉至光滑 f）捣面 g）醒面 h）油条面坯

三、操作要点

1. 要反复将面揣捣均匀，直至面坯光滑柔软，也可以用和面机和面，效果更佳。

2. 面坯必须醒透，面坯充分松弛后才可使用。

3. 醒面时注意防风干，用保鲜膜封好。

四、质量要求

面坯柔软、滋润、光滑，有弹性、韧性、延伸性。

培训项目 2

生坯成形

培训单元　膨松面坯生坯成形

培训重点

1. 化学膨松制品生坯成形的方法。
2. 生物膨松制品生坯成形的方法。

技能要求

技能 1　开口笑生坯成形

一、操作准备

1. 原料

主要原料及用量见表 3–2。

表 3–2　主要原料及用量　g

原料	用量	原料	用量
低筋面粉	500	鸡蛋	50
花生油	40	水	120

续表

原料	用量	原料	用量
小苏打	3	白芝麻	150
泡打粉	4	白糖	90

2. 设备与器具

案台、秤、盆、筛。

二、操作步骤

步骤 1　称量

将原料按配方准确称重。

步骤 2　初加工

将低筋面粉与泡打粉混合过筛备用。清水烧热，加白糖溶化，晾凉备用。花生油、小苏打、鸡蛋搅匀备用。

步骤 3　和面

将面粉放在案台上开窝，放入花生油、小苏打、鸡蛋混合液，加入糖水，抄拌均匀后以叠式的手法和成面坯。

步骤 4　成形

将面坯分块、搓条，下剂子，每个剂子重约 15 g，将剂子揉搓成球状，表面沾水，滚粘芝麻，然后再搓圆，使芝麻粘牢。

开口笑生坯成形操作步骤如图 3–2 所示。

三、操作要点

1. 配方准确，面坯干湿合适。

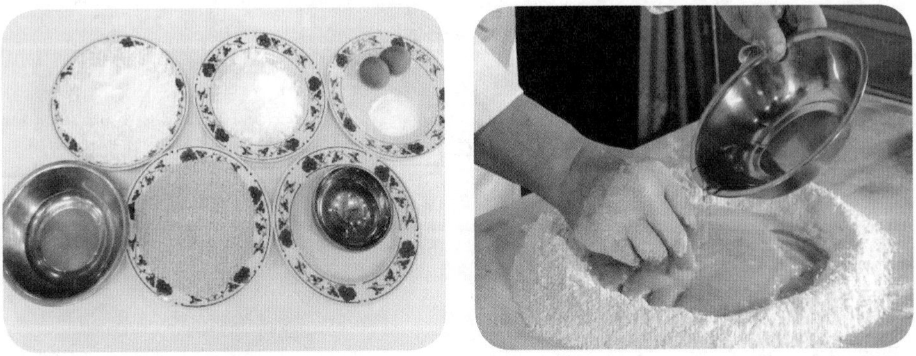

a)　　b)

c)　　d)　　e)　　f)

图 3-2　开口笑生坯成形操作步骤

a）准备原料　b）将糖水倒入窝中　c）开口笑面坯　d）滚粘芝麻　e）搓圆　f）开口笑生坯

2. 白糖要溶化，各原料充分拌匀。

3. 以叠式手法和面，避免过度揉搓。

4. 芝麻要粘牢，否则在炸制时芝麻会脱落。

四、质量要求

软硬适中，形状大小均匀，芝麻粘裹牢固。

技能 2　莲蓉甘露酥生坯成形

一、操作准备

1. 原料

主要原料及用量见表 3-3。

表 3–3　主要原料及用量　　g

原料	用量	原料	用量
低筋面粉	500	泡打粉	10
熟猪油	230	臭粉	8
白糖粉	250	莲蓉馅	400
鸡蛋	100		

2. 设备与器具

烤盘、案台、秤、筛、碗、蛋刷。

二、操作步骤

步骤 1　原料初处理

称量原料，面粉与泡打粉一起过筛备用，白糖粉碾压松散，鸡蛋打入碗中。

步骤 2　和面

将面粉、泡打粉放案台上，中间开窝，放白糖粉、熟猪油，用手擦匀后加入鸡蛋、臭粉，搅拌均匀后将面粉一起拌和成团，用手掌擦搓细腻即成面坯。

步骤 3　成形

将面坯下剂子（35 g/ 个），将面剂稍按扁，包入莲蓉馅，收严剂口，收口向下呈球状，放入烤盘，表面刷上蛋液。

莲蓉甘露酥生坯成形操作步骤如图 3–3 所示。

a)

b)

c)

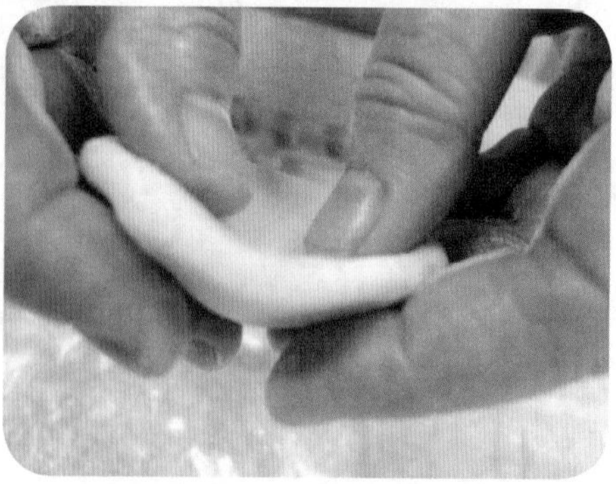

d)

e)

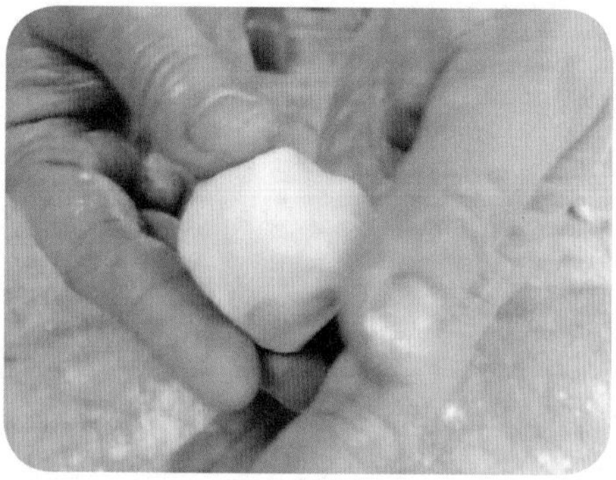

f)

图 3–3　莲蓉甘露酥生坯成形操作步骤

a）和面　b）莲蓉甘露酥面坯　c）下剂　d）捏皮　e）包馅　f）成形

三、操作要点

1. 面坯擦匀、擦细滑。

2. 馅心居中，搓光、搓圆。

四、质量要求

规格一致，色泽淡黄，呈球状。

技能 3　寿桃包生坯成形

一、操作准备

1. 原料

主要原料及用量见表 3–4。

表 3–4　主要原料及用量　g

原料	用量	原料	用量
低筋面粉	500	酵母	8
白糖	50	五仁馅	400
水	225	绿茶粉	10
精盐	3		

2. 设备与器具

案台、轧面机、秤、筛、盆、擀面杖、刮刀、馅挑。

二、操作步骤

步骤 1　原料准备

原料称量及初处理，如面粉过筛、活化酵母、溶化白糖等。

步骤 2　和面

将面粉放在案台上开窝，加入水、白糖、酵母、精盐等和成团，将面团放在轧面机上反复碾压成滋润光滑的面坯。

步骤 3　制皮

将面坯搓条，取 30 g 面团与绿茶粉调制成绿色面团做叶子，其余面团制成 25 g 一个的剂子，按扁后用擀面杖擀成中间厚、边缘薄的包子皮备用。

步骤 4　成形

用包子皮包五仁馅，捏紧收口朝下，上端捏出一个桃尖。用刮刀或者馅挑从桃腹至桃尖压出一道凹槽，然后用加了绿茶粉的面团制成两片叶子，粘在包子底边即完成生坯成形。

寿桃包生坯成形操作步骤如图 3–4 所示。

a)

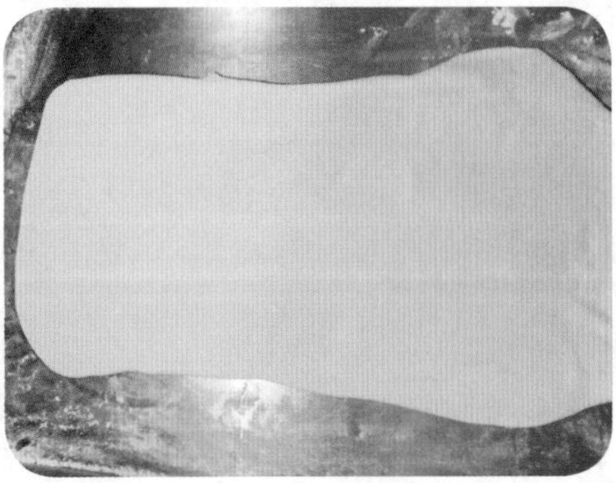

b)

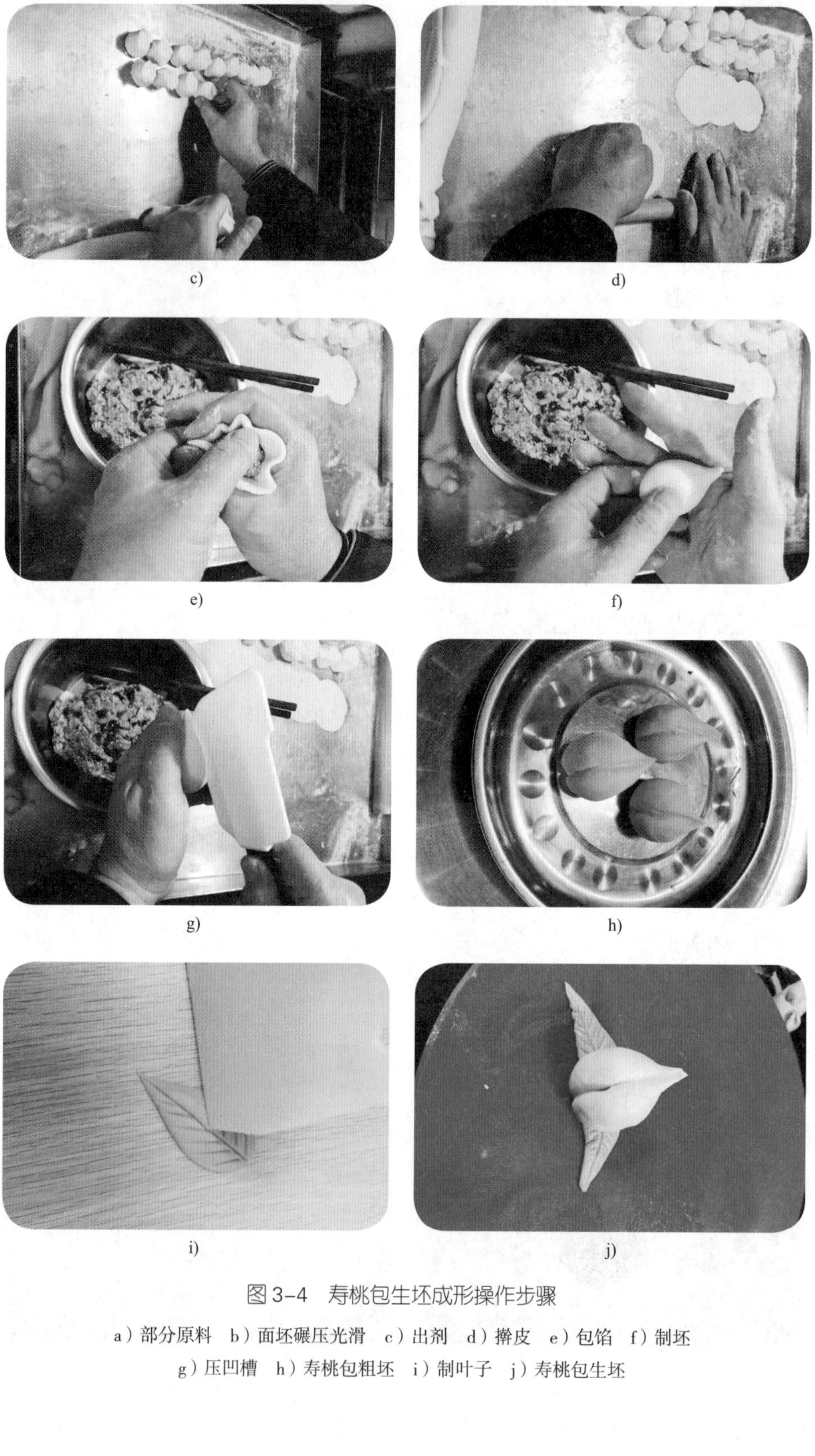

图 3-4　寿桃包生坯成形操作步骤

a）部分原料　b）面坯碾压光滑　c）出剂　d）擀皮　e）包馅　f）制坯
g）压凹槽　h）寿桃包粗坯　i）制叶子　j）寿桃包生坯

三、操作要点

1. 掌握面坯的软硬度。

2. 面坯要碾压至滋润光滑。

3. 寿桃包的凹槽要稍按深些，以防成品膨胀后不明显。

4. 收口处要收紧，桃尖捏得要长些，否则成品膨胀不明显。

四、质量要求

形态逼真，色彩美观。

培训项目 3 产品成熟

培训单元 1 烤制化学膨松制品

培训重点

1. 烤制成熟的技术要领。
2. 用烤制成熟法熟制化学膨松生坯。

知识要求

一、烤制法的分类

烤制法是指将成形的面点生坯放入烤炉中，利用烤炉的热传导、热辐射和热对流使面点生坯成熟的方法，也称为烘烤或焙烤。烤制法可按照炉温分类，大致有低温烤制、中温烤制和高温烤制三种。

1. 低温烤制

低温烤制一般指烤箱温度设在 150 ℃以下的熟制工艺。由于烤箱温度较低，烤制火力缓慢柔和，制品色泽较浅，生坯失水相对较多。低温烤制适用于焙干、烤熟初加工的面点原料，如芝麻、花生、核桃、面粉等。

2. 中温烤制

中温烤制一般指烤箱温度设在 150 ~ 200 ℃的熟制工艺。此温度范围内的火力均匀，大多数面点的熟制均设在此温度范围内。

3. 高温烤制

高温烤制一般指烤箱温度设在200 ℃以上的熟制工艺。此温度范围内的烤制火力迅速而猛烈，生坯表面迅速成熟定形并锁住内部水分，适宜烘烤外表酥脆、内部柔软的面点制品。

二、烤制法的技术要领

1. 熟悉所使用烤箱的性能

烤箱的种类不同，其加热方式、保温性能、炉腔大小不同，对于相同的面点生坯，温度的高低和烘烤时间长短都有一定的区别。

2. 正确选定烤箱预热温度

制品进烤箱的温度与制品的特点密切相关。由于烤箱的种类较多，各种烤箱的结构不同，烤箱腔高低、宽窄不同，箱内不同部位的温度也不同，要根据不同的品种和不同的烤箱特点，正确选定预热温度。

3. 正确调节烤箱温度

有些制品的烘烤，只要设定一次温度参数，从头到尾保持设定的温度烘烤就可以，但有些制品中途要适当地调节底火、面火的温度，才能烤出好品质。

4. 把握好烤制时间

烘烤制品的色、香、味、形、质，都与烘烤时间紧密相关。烤箱温度的高低与烤制时间的长短又是相辅相成、相互制约的。在实际操作中，必须根据制品的大小、厚薄，原材料的性质及烤箱温度的高低来掌握烤制的时间。

5. 烘烤湿度不可忽视

烘烤湿度直接影响着制品的质量。根据不同制品的特点及不同烤箱的功能，烘烤湿度的调节可以采用以下几种方法。

（1）在烤箱中放一盘水，在烘烤过程中水受热而快速蒸发，达到增加箱内湿度的目的。

（2）中途尽量少打开箱门，烤箱的排气孔可适当关闭，以利于保湿。

（3）使用带有喷汽功能的烤箱。

6. 烤盘内生坯摆放要适当

生坯在烤盘内摆放的密度对烘烤也有直接影响。如果过稀，就不利于热能的充分利用，易造成箱内湿度小、火力集中，使制品表面灰暗甚至焦煳；如果过密，就影响制品生坯的膨胀，甚至导致相互粘连，破坏造型。因此，生坯摆放既不能过稀，也不能过密，摆放以满盘为宜。

技能要求

技能　烤制莲蓉甘露酥

一、操作准备

1. 原料

主要原料及用量见表 3–5。

表 3–5　主要原料及用量

原料	用量	原料	用量
莲蓉甘露酥生坯	20 个	鲜鸡蛋	1 个

2. 设备与器具

烤箱、烤盘、蛋刷。

二、操作步骤

步骤 1　烤前准备

烤箱预热至 160 ℃，将已成形的莲蓉甘露酥生坯均匀地排放在烤盘中，生坯表面用蛋刷刷上蛋液。

步骤 2　烤制

将生坯放入烤箱内，烤制约 20 min，至表面呈金黄色即成。

烤制莲蓉甘露酥的操作步骤如图 3–5 所示。

a)

b)

c)

图 3–5　烤制莲蓉甘露酥的操作步骤

a）刷蛋液　b）烤制　c）莲蓉甘露酥成品

三、操作要点

1. 掌握烤箱的性能，在烤制过程中，注意观察制品上色是否均匀，从而决定是否调换烤盘方向。

2. 制品刚出炉时，触摸易变形或散碎，要凉透后再从烤盘中取出装盘。

四、质量要求

质地酥松，香甜可口，色泽金黄，表面有自然的裂纹。

培训单元 2　炸制化学膨松制品

培训重点

化学膨松面坯制品炸制成熟方法、特点及技术要领。

知识要求

一、炸制法的分类

炸制法是指将面点生坯投入温度较高、油量较多的油锅中，通过油脂的传热使面点生坯成熟的方法。适宜炸制成熟的面点品种非常多，它们对油温的高低也有不同的要求，油温高低和炸制时间长短应根据制品种类、体积大小、厚薄及原材料性质等因素适当把握。有的需用高温，有的需用低温，有的要先高后低，有的需先低后高，情况较为复杂。面点炸制根据油温的高低可分为温油炸和热油炸两大类。

1. 温油炸

温油炸的工艺流程：油锅加热—放入生坯—停火养坯—加热升温—成熟。

温油炸制适用于较厚、带馅制品和油酥面坯制品。操作时，一般将油温控制在 80 ~ 150 ℃。炸制时，先将油加热到一定的温度，将油锅端离火位，再放入生坯，使生坯在油锅中受热，根据不同制品的特点，择时再将锅端上火位，这样边炸边根据制品特点及要求调整油温，直至制品达到要求，如炸层酥类制品。

2. 热油炸

热油炸的工艺流程：油锅加热—放入生坯—加热升温—成熟。

热油炸制一般适用于无馅制品或表面呈蜂巢状制品。制品下锅时，油温一般控制在七成热，即 210 ℃左右，如炸油条、蜂巢蛋黄角等。

二、炸制法的技术要领

油炸制品种类繁多，为保证成品质量，除应根据品种特点来掌握油温外，还应注意以下几个关键问题。

1. 油脂种类的选择

油炸制品的第一步是选择适当的油脂种类。每个品种的油都有各自的风味和性质，这些因素直接影响着制品的风味。

2. 油温的选择

油温的高低直接影响制品的质量。油温低了，制品不酥不脆，色泽较淡，并且耗油量较大；油温高了，制品易出现焦煳、层次分不开等现象。

3. 炸制时应注意油和生坯的比例

一般来说，油和生坯的比例应为 4∶1，以便制品翻个并受热均匀，但也有个别制品这一比例为 9∶1，还有的无须按比例，这些都应根据制品的特点及要求来掌握。

4. 操作手法正确、熟练

生坯下锅后，往往因数量较多而互相拥挤、粘连、受热不均，所以制品下锅后，要用手勺或笊篱翻动推搅，使其分开，受热均匀，成熟一致。但有的品种，如酥皮类，刚下锅时不要用手勺或笊篱去翻动推搅。因为酥皮类制品的面坯韧性差，容易破碎或溶散于油中，所以要等制品浮上油面时，再用筷子轻轻翻动。容易沉底的制品，要放入漏勺中炸制，防止落底粘锅。

5. 油质必须清洁

若油质不清洁，则会影响热的传导或污染制品，使制品不易成熟，色泽变差。如果用植物油，那么一定要事先烧热后才能用于炸制，防止带有生油味，影响制品风味。遇有陈油时，应及时清除杂质或更换新油。

技能要求

技能　炸制油条

一、操作准备

1. 原料

油条面坯、面粉、植物油。

2. 设备与器具

炉灶、油锅或电炸锅、菜刀、案板、保鲜膜、长筷子、长竹签、盘子。

二、操作步骤

步骤 1　准备

油锅注入植物油烧热。案板上撒上面粉，将醒好的油条面坯放在案板上，抻拉成长方形薄面块，盖好保鲜膜。

步骤 2　下剂

将上述长方形薄面块用擀面杖擀成宽约 15 cm、厚约 0.3 cm 的长形面片，再用菜刀切出宽约 2 cm 的面条。

步骤 3　成形

长竹签蘸清水，在一根面条中间按一水印，再取一根面条叠在上面，用手指稍按压一下，使两根面条中间相连，成油条生坯。

步骤 4　炸制

油锅烧至六成热（180 ℃左右），双手将生坯从中间向两端抻开，长约 30 cm，下入锅中后用长筷子翻炸，炸至生坯膨松且皮松脆、色泽金黄即可出锅。

炸制油条的操作步骤如图 3–6 所示。

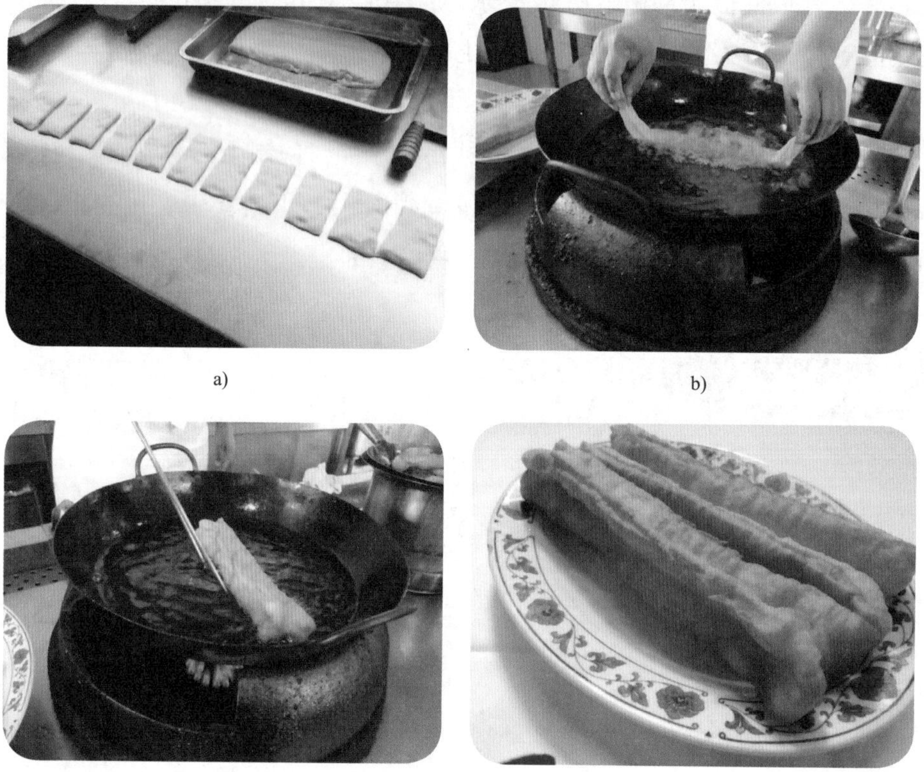

a) b) c) d)

图 3–6　炸制油条的操作步骤

a）切剂　b）下锅　c）滚动炸制　d）油条成品

三、操作要点

1. 醒面时间充足，面坯醒好后千万不要再揉搓，否则松弛的面坯又恢复弹性和韧性，不好抻拉、擀薄。

2. 两根面条叠合时，中间的水印要直，水不宜过多，拉抻生坯时手法灵巧。

3. 掌握好油温，油温低了则成品会发艮。

4. 生坯刚下锅时，筷子翻动要轻巧，不能硬夹硬翻，否则影响油条胀发和形状。

四、质量要求

成品条直美观，色泽金黄，疏松通脆，咸香适口，长时间放置不塌陷。

培训单元 3 蒸制有馅类生物膨松制品

培训重点

蒸制成熟的方法及技术要领。

知识要求

一、蒸制法的分类

蒸是利用高温蒸汽作为传热介质，将面点生坯放进蒸锅（或笼屉、蒸箱），利用水蒸气传递热量，使生坯受热成熟的方法。蒸制法通常根据火力的强度分为大火蒸制、中火蒸制。

1. 大火蒸制

大火蒸制是指熟制生坯时用旺（猛）火蒸制。旺火使蒸锅内蒸汽充足猛烈（行业中称为"汽硬"），生坯表面受热迅速，面坯中的淀粉与蛋白质凝固成凝胶，迅速定形，而当热传至生坯内部时，如果内部有大量气体产生，就会使制品表面形成爆裂开口的现象。如叉烧包、开花馒头、棉花糕的蒸制必须用猛火，否则达不到内部膨松柔软、表面爆裂的效果。

2. 中火蒸制

中火蒸制是指熟制时使用中等火力蒸制。中火蒸制火力柔和、平稳，热量由外而内缓慢传递，生坯有一个自然舒缓膨胀的过程，成品形状自然、线条流畅。如各式包子、花卷等适用于中火蒸制。

在面点蒸制的实际操作中，还经常会遇到蒸制中调节火力的情况。如根据制品要求，蒸制中先大火后中火或先小火后大火，以及在蒸制时不断打开笼屉盖释放部分蒸汽等。

总之，蒸制成熟火候的掌握是根据制品的特点确定的，只有正确地掌握蒸制中的每一个环节，才能使制品达到质、色、味、形俱佳的质量标准。

二、蒸制法的技术要领

1. 蒸锅加水量要适宜

锅内加水量应以六至七分满为宜。蒸锅水过满，水热沸腾，冲击浸湿笼屉底部，影响制品质量；水过少，产生气体不足，易使制品干瘪变形，色泽暗淡。

2. 笼屉处理

蒸锅的笼屉无论是什么材料制作的，均需要在蒸制前稍做处理，否则面点容易与之粘连。一般处理方法有三种。

（1）笼屉表面铺垫湿屉布

屉布要用清水浸泡，生坯码屉前将屉布从水中取出，平铺在笼屉上。

（2）笼屉表面刷油

将笼屉立起，用油刷蘸植物油均匀刷在屉面上，不应有漏刷处；刷油时不应将笼屉平放，避免植物油顺屉面下漏。

（3）笼屉表面铺其他可垫物

胡萝卜片、生菜叶等蔬菜也可用来铺垫笼屉，一方面可防止蒸制品与笼屉表面粘连，另一方面可以增添蒸制品的香气。

3. 生坯摆屉

摆屉前应先垫好屉布或刷油，再将生坯摆入笼屉。摆屉时，要按统一的间隔距离摆好放齐。其间距要使生坯在蒸制过程中有充分的膨胀余地，以免粘在一起。另外，还要注意口味不同的制品和成熟时间不同的制品不能摆在同一屉内。

4. 蒸前醒发

蒸制酵母膨松面坯制品前，其生坯成形后应醒发至表面饱满、光滑、胀大膨松，所以上屉前有的制品需要放一段时间，即进行最后的发酵过程。

5. 掌握蒸制火力和成熟时间

对不同的面点制品进行蒸制成熟时，要根据体积、形态、原料性质的差异，采用不同的火力，并严格控制成熟时间。一般而言，蒸制面点制品时，均要求旺火足气，中途不断气，不揭盖，保证笼内温度、湿度和气压的稳定。对特殊制品，如澄粉制品和其他软嫩的制品，在保证火力的连贯性时，可适当调低火力，以保证成品的质量。在时间上，生馅包馅制品的成熟时间比同体积的无馅制品的成熟时间要长；同一个品种，制品数量多的，笼格层多的，成熟时间要相应延长；对于皮薄馅多的澄面制品，蒸制时间更要严格控制。一般而言，块大、体厚、组织严密、量多的品种，成熟时间要长，相反，时间就短些。

6. 经常更换蒸锅内的水，保持水质清洁

蒸锅（蒸箱）内的水，容易积聚油污、酸、碱等杂质。这些杂质易溶于水，随水蒸气挥发与制品接触，造成制品变色串味。

技能要求

技能 蒸制寿桃包

一、操作准备

1. 原料

寿桃包生坯。

2. 设备与器具

蒸锅、蒸笼、油刷。

二、操作步骤

步骤 1 蒸前准备

洗净蒸笼后，擦干水，刷油或垫包子衬纸，均匀摆放寿桃包生坯，进行最后的发酵。

步骤 2 蒸制

蒸锅加水烧沸，将发酵好的生坯放上蒸锅，盖紧蒸笼盖，中火蒸制 10 min 后关火，打开蒸笼盖，稍散蒸汽后取出蒸熟的寿桃包即可。

寿桃包蒸制操作步骤如图 3–7 所示。

三、操作要点

1. 掌握生坯发酵程度，要发至生坯表面饱满、光滑、胀大膨松时才可进行蒸制。

2. 掌握蒸制时间。

3. 生坯间隔适当，防止粘连。

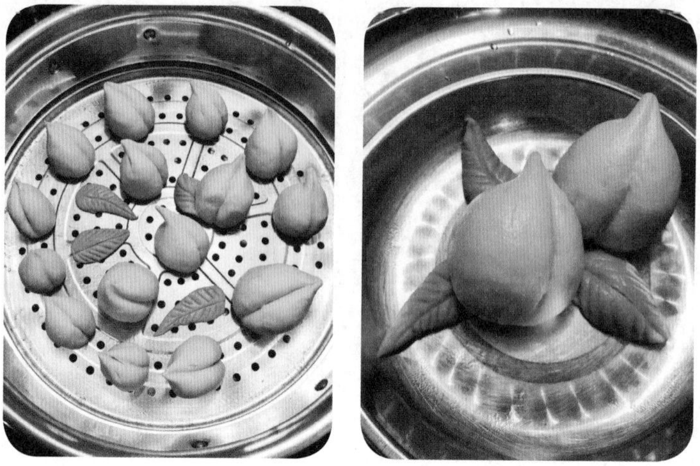

a)　　　　b)

图 3–7　寿桃包蒸制操作步骤

a）蒸制　b）寿桃包成品

四、质量要求

造型喜庆逼真，质感暄软，色泽美观。

培训单元 4　煎制有馅类生物膨松制品

培训重点

煎制成熟的方法及技术要领。

知识要求

一、煎制法的分类

煎制法是指将面点生坯放入有少量油的平锅（或煎锅），通过金属和油脂的传热，使面点生坯成熟的方法。

煎制时常常需要加入油或水作为辅助传热介质，因此煎制方法可分为油煎法、煎炸法和水油煎法三种。

1. 油煎法

将平锅烧热，把油均匀地布满锅底，再投入生坯，先煎一面，煎至变色翻面再煎，煎至两面呈金黄色、内外都熟为止。

采用油煎法时，制品由生到熟都不盖锅盖，制品紧贴锅底，既被锅底加热，又被油脂加热，与火候关系很大，一般以中火、六成油温为宜（160～180 ℃），油温也可稍高一些，但不超过七成热。油煎制品的特点是成品两面呈金黄色，口感香脆。

2. 煎炸法

煎炸法与油煎法相似，只不过多了一道炸的工序，行业称这种方法为“半煎半炸法”。煎炸法的加油量一般不可超过制品厚度的一半，制品的特点是色泽呈金黄色，外香脆，内软嫩。油煎法和煎炸法操作时还应注意以下要点。

（1）将锅不断转动位置或移动制品位置，使之受热均匀，成熟一致。

（2）制品量多时，要从锅的四周开始放，最后放中间，防止焦煳和生熟不匀等现象。

3. 水油煎法

水油煎法是在油煎法的基础上加少许水的煎制方法。将平锅烧热，抹上一层薄薄的油，烧至六成热把生坯摆在平锅内煎制，待生坯底部上色后，淋上清水或粉浆（即清水加面粉调制），加水量基本是制品厚度的 1/2 左右，然后盖紧锅盖，通过金属、热油和水蒸气一起传热使制品成熟。

水油煎成品特点是底部金黄、香脆，上部柔软、色白、油光鲜明，形成一种特殊风味，如锅贴、水煎包等。水油煎法操作时还应注意以下几个要点。

（1）不断移动锅位，使制品成熟一致。

（2）加水后盖严锅盖，防止蒸汽散失而影响制品质量。

（3）掌握好火候。

二、煎制法的技术要领

1. 控制好油量

油的用量是区分炸制和煎制的主要因素。一般来讲，煎制生坯时，锅底油脂不宜过多，薄薄的一层即可，中小火慢慢成熟，形成焦香酥脆的底层面皮。

2. 正确控制火力，掌控好锅底温度及油温

根据制品的特点和要求，选择合适的火力，控制好锅底及锅内油的温度，才能保证成熟质量。

3. 若用水油煎法，要注意加水量和操作步骤

采用水油煎法时，加水量和加水次数要根据制品生坯成熟的难易程度来确定，但每次加入的水都不宜超过制品生坯厚度的 1/3，否则生坯没在水中过久，会导致表面吸入过多，制品质量受影响。为了充分利用水蒸气的传热，加完水后要盖好锅盖，并适当调整火力，提高温度。

4. 要经常转动煎锅或移动锅内生坯，使制品受热均匀

根据煎制设备的特点，如果煎锅锅面温度不同，那么在煎制过程中要经常转动煎锅或移动锅内生坯，使制品受热均匀。

技能要求

技能　煎制水煎包

一、操作准备

1. 原料

包子生坯、植物油、面粉、水。

2. 设备与器具

煎锅或电饼铛、盘、平铲。

二、操作步骤

步骤 1　煎前准备

用水将面粉调成稀浆状备用，包子生坯进行最后发酵。

步骤 2　煎制

煎锅加热，刷油，将发酵好的生坯整齐地码在煎锅里，将面粉浆淋入煎锅内，盖上锅盖进行水油煎，煎至制品底部呈金黄色、水熯干，揭开锅盖，用平铲铲起水煎包，把煎黄的底面朝上装盘即成。

水煎包煎制操作步骤如图 3–8 所示。

a) b) c) d)

图 3–8 水煎包煎制操作步骤

a）煎锅刷油 b）码放生坯 c）加入面粉浆并熥干 d）水煎包成品

三、操作要点

1. 掌握好火候，要求制品的上色与成熟同步。

2. 采取灵活方式，控制生坯底部受热，防止焦底。

3. 面粉浆的用量要根据制品的大小和馅心成熟的难易程度而定，如果需要加的水量多，可以分几次加，水位一般不超过制品厚度的 1/3。

4. 煎制前期一定要加盖焖煎，待锅内蒸汽将尽再揭盖。

四、质量要求

成品膨松，底部金黄酥脆，上部洁白柔软。

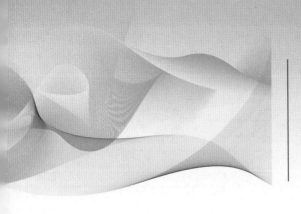

培训模块 四
层酥面品种制作

内容结构图

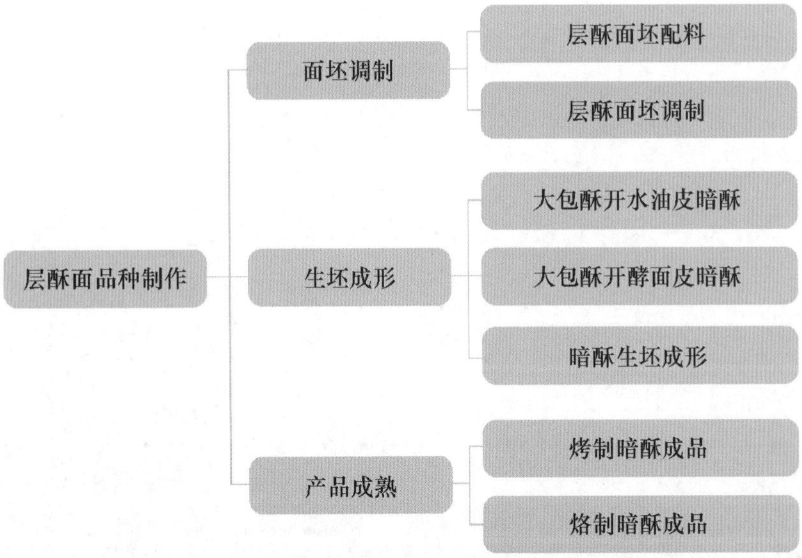

培训项目 1 面坯调制

培训单元 1 层酥面坯配料

培训重点

1. 层酥面坯的概念及特点。
2. 走槌的使用方法。
3. 刮刀的使用方法。
4. 常见层酥面坯的配料。

知识要求

一、层酥面坯的概念及特点

1. 层酥面坯的概念

层酥面坯是指将两块性质完全不同的面坯经过包、擀、叠、卷等工艺方法进行开酥后，形成的具有酥软层次结构的面坯。层酥面坯按原料配方一般分为水油皮、擘酥皮、酵面层酥三种。

2. 层酥面坯的特点

（1）水油皮的特点

水油皮是以水油面为皮、干油酥为心，经开酥工艺制成的层酥。它是中式面点工艺中最常见的一类层酥，其特点是层次多样，可塑性强，有一定的弹性、韧性，口味松化酥香。代表品种主要是各种花色酥点。

（2）擘酥皮的特点

擘酥皮是以黄油酥为皮、蛋水面为心，经开酥工艺制成的层酥。它是广式面点中最常使用的一类层酥，其特点是层次清晰，可塑性较差，营养丰富，口感松化、浓香、酥脆。代表品种主要有中点西做的咖喱擘酥角、叉烧酥等。

（3）酵面层酥的特点

酵面层酥是以发酵面或烫酵面为皮，干油酥、糖油酥或咸油酥为心，经开酥或抹酥工艺制成的层酥。它在我国各地的面点小吃中比较常见，其特点是体积疏松，有一定的韧性和弹性，可塑性较差，面坯有层次且具有发酵面的特性。代表品种主要有苏式面点的黄桥烧饼、蟹壳黄，京式面点的芝麻酱糖火烧等。

二、开酥工具

1. 走槌

走槌又称通心槌、酥槌、酥棍等。走槌轴心有一个两头相通的孔，中间可插入一根比孔的直径小的细棍作为手柄。使用时要双手持柄推拉，通过粗大槌体的滚动将大片的面坯擀薄擀匀，例如进行层酥面坯大包酥的开酥。另外，走槌还可用于擀制大块的面片、碾碎某些易于碾压的干果小料。

（1）走槌的使用方法

1）双手握走槌两头露出的手柄，将面坯置于槌下。

2）用力将走槌压住面坯，同时向前推擀或向后回拉擀制面坯，如图 4–1 所示。

a)　　　　b)

图 4–1　走槌的使用方法

a）向前推擀擀制面坯　b）向后回拉擀制面坯

（2）走槌使用注意事项

1）压制推擀面坯时，双手用力应保持一致，否则面坯将一侧薄、一侧厚。

2）压制推擀面坯时，双手的前推或后拉速度应保持一致，否则面坯会一侧边缘长、一侧边缘短。

3）避免用走槌碾压较硬的颗粒状原料，否则会损坏槌体，导致走槌表面凹凸不平，影响使用。

4）走槌使用后应清洗干净，存放走槌时应取出手柄，将槌体立放在通风干燥处。

2. 刮刀

刮刀又称刮板、刮面刀，是由铜皮、铝皮、不锈钢皮或硬塑料等材料制成的刀具。刀面一般呈 15 cm × 10 cm 的长方形，无延伸的刀把，长边的一侧有卷曲边或木质包裹的刀柄，为手握侧；另一侧刀刃与刀身厚薄基本一致。刮刀是在案台上和面或清洁案台时的工具，是中式面点工艺中的必备工具。

（1）刮刀的使用方法

1）握刀。拇指在刀面的一侧，其余四指在刀面的另一侧。

2）切割面坯。手握刮刀与案台垂直，将面坯切割成小块。

3）清洁工具。手握刮刀与案台成 45° 角或小于 45° 角，铲除案台上的面垢、污物，如图 4–2 所示。

a)

b)

图 4–2　刮刀的使用方法

a）切豆沙　b）清洁案台

（2）刮刀使用注意事项

1）防止伤手。刮刀虽然一般无锋利的刀刃，但仍然需要注意使用安全。

2）刮刀使用后应清洗干净并用干布擦干，防止其表面生锈。

三、常见层酥面坯的配料

1. 水油皮

水油皮由水油面与干油酥组成。

（1）水油面

以面粉 500 g、猪油 125 g、水 275 g 的比例，将原料调和均匀、充分乳化，搓擦、摔挞成柔软而有筋力、光滑而不粘手的面坯即成。水、油脂在面坯中分布越均匀，面坯就越细腻光滑，韧性和延伸性就越好。

（2）干油酥

以面粉 500 g、猪油 275 g 的比例，将面粉与猪油充分搓擦成均匀、光滑的面坯即成。油脂与面粉搓擦越均匀，面坯就越柔软。

2. 擘酥皮

擘酥皮由黄油酥与蛋水面组成。

（1）黄油酥

以黄油 500 g、面粉 150 g 的比例，将黄油与面粉搓擦均匀，不含黄油粒即成。

（2）蛋水面

以面粉 350 g、鸡蛋液 180 g 的比例，将鸡蛋与面粉调和成面坯，揉搓成滋润光滑的面坯即成。

3. 酵面层酥

酵面层酥由酵面皮与油酥组成。

（1）酵面皮

酵面皮既可以用普通酵母发酵面坯，也可以用烫酵面坯。普通酵母发酵面坯配方中一般酵母含量较少（0.5%），因为工艺中大多需要使用嫩酵面。烫酵面坯一般以面粉 450 g、热水 235 g、老酵面 60 g、碱水 50 g 的比例调制。

（2）油酥

油酥的配方因地区差异、品种差异而不同，名称也各有不同。如制作酥饼所用的酥心是以面粉 500 g、热植物油 350 g 的比例，将面粉与油混合成稀浆状，称为炸酥；制作糖火烧的酥心是以植物油将芝麻酱澥开，再与面粉、红糖按一定配比混合，称为糖油酥；还有些烧饼的酥心是以五香粉、食盐等与植物油、面粉混合的。油酥的经验配方与工艺主要由各地区从业者根据制品特征的需要确定。

培训单元 2　层酥面坯调制

培训重点

1. 水油面的配方。
2. 干油酥的配方。
3. 调制水油面。
4. 调制干油酥。
5. 酵面层酥面皮和酥心的配方及其调制方法。

技能要求

技能 1　调制水油面

一、操作准备

1. 原料

主要原料及用量见表 4-1。

表 4-1　主要原料及用量　　g

原料	用量
面粉	500
猪油	125
水	200

2. 设备和器具

案台、台秤、刮刀、盆、保鲜膜。

二、操作步骤

步骤1　配料

用台秤称量面粉 500 g 置于案台上，用刮刀开窝，猪油 125 g 置于面窝中，清水 200 g 放入盆中。

步骤2　调制

将 150 g 水放入面窝中，一只手握刮刀，另一只手将油、水充分搅匀至乳化，然后由面窝内侧拨入面粉与水、油调和拌匀，再倒入剩余水，继续一手搓擦，另一手握刮刀，将搓出的原料铲回原处，直至搓匀、擦透、揉滋润。

步骤3　摔挞

一只手从侧面抓起面坯，以小臂带动手，将面坯摔挞至收口在内侧，另一只手协助，直至面坯表面摔挞至滋润光滑。

步骤4　静醒

用湿布或保鲜膜封好面坯，静置。

水油面调制操作步骤如图 4–3 所示。

a)

b)

c)

d)

e)

f)

g)

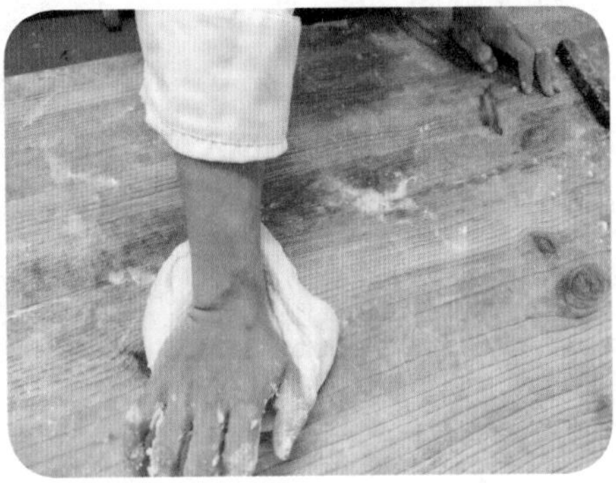

h)

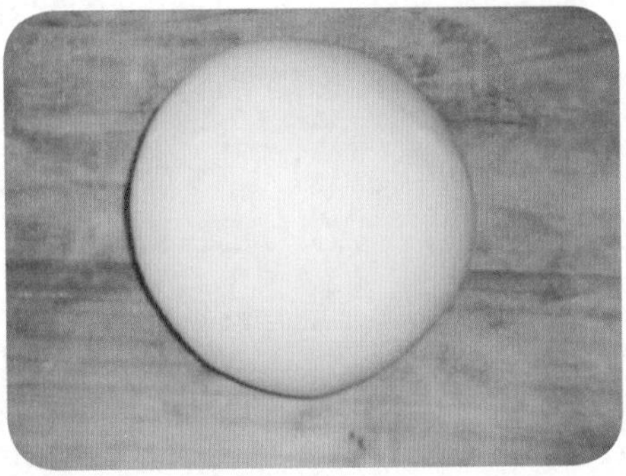

i)

图 4–3　水油面调制操作步骤

a）刮刀开窝　b）油、水搅匀　c）搓擦　d）用刮刀铲回面料　e）搓匀、擦透、揉滋润
f）从侧面抓起面坯　g）摔挞　h）收口在内侧　i）水油面成品

三、操作要点

1. 油、面粉比例合适

调制时，如果用油量过多，就会影响水油面与干油酥之间的分层，并使油酥皮容易破碎或漏馅；如果用油量过少，制成的坯皮就会僵硬、不酥松。

2. 水、面粉比例合适

用水量少，面坯生成的面筋就少，面坯的弹性、韧性、延伸性就差，这不仅使其与干油酥的分层效果差，而且还不利于制品造型；用水量多，制品酥松性差。配料时除称准数量外，还可以用感官进行检验。将手指插入面坯内立即拉出，手指上有油光，不粘手，说明面坯已达到要求。

3. 反复搓揉

因为水油面坯内含有水分与油分，所以制作水油面坯时要搓揉透，否则面坯容易粘手，制成的成品容易产生裂缝。

4. 注意醒面

水油面揉成面坯后要盖上湿布，静醒 10 min。这样一方面可防止破裂，另一方面可使面坯形成面筋。

四、质量要求

1. 面坯既要有水调面坯的弹性、韧性、延伸性，又要有油酥面坯的可塑性。
2. 面坯表面光滑，内心吃水均匀。

技能 2　调制干油酥

一、操作准备

1. 原料

主要原料及用量见表 4–2。

表 4–2　主要原料及用量　g

原料	用量
面粉	500
猪油	275

2. 设备和器具

案台、台秤、刮刀。

二、操作步骤

步骤 1　配料

用台秤称量面粉 500 g、猪油 275 g。

步骤 2　调制

将面粉放在案台上，用刮刀开窝，将猪油放在面粉窝中。

步骤 3 擦酥

将面粉与猪油稍拌和，用手掌根将猪油、面粉在案台上向前边推边擦，再用刮刀将面铲回原处，反复推擦，直至擦透为止。

步骤 4 成团

用刮刀将案台上的面铲净，并将推擦后的面穗滚粘成团。

干油酥调制操作步骤如图 4–4 所示。

a) b) c) d) e)

图 4–4 干油酥调制操作步骤

a）备干油酥原料 b）将面粉与猪油稍拌和 c）边推边擦 d）反复推擦 e）干油酥成品

三、操作要点

1. 反复搓擦

这是保证干油酥质量的关键，在和面过程中和制作成品前，都必须反复擦透、擦顺，增加干油酥的油滑性和黏性。

2. 使用冷却的油脂

调制干油酥不能使用刚刚炼好的猪油，否则面粉与油脂不能黏结，且制品容易脱壳与炸边。

3. 选用猪油调制面坯

调制干油酥最好使用猪油，因在常温下猪油呈固态，和面时面呈片状。如果用植物油调制，那么面会呈圆球状。所以，同等油量的情况下，猪油润滑面积比较大，成品口感更酥，色泽更好。

四、质量要求

干油酥全部用油脂与面粉调制而成，由于面粉中蛋白质遇油不能组成面筋网络，因此面坯缺乏弹性、韧性和延伸性，但具有一定的可塑性和酥性。

技能 3　调制烫酵面

一、操作准备

1. 原料

主要原料及用量见表 4–3。

表 4–3　主要原料及用量　g

原料	用量
面粉	450
水	235
老酵面	60
碱水	50

2. 设备和器具

案台、台秤、炉灶、面杖、屉布、水锅、盆。

二、操作步骤

步骤 1 发面

将 225 g 面粉放入盆中，水锅上火将水烧至 80 ℃左右，取热水 115 g 倒入盆中，用面杖搅拌使面粉与水成团。将烫好的面坯放在案台上摊开晾凉（约 25 ℃），再加入老酵面揉匀揉透，盖上湿屉布静置发酵（约 12 h）。

步骤 2 烫面

另取 225 g 面粉加热水 120 g 和成团，稍晾后与已发好的面团揉和，至面坯表面光滑滋润。

步骤 3 醒面

将调制好的面坯静置 1 h。

步骤 4 揉匀

在酵面中分次兑入碱水，揉均匀，再醒 10 min 即可。

三、操作要点

1. 调制烫酵面时面粉要烫透，否则面坯容易粘手。
2. 兑碱时要把握好碱水的浓度以及碱水的量。
3. 面坯要揉匀揉透。

四、质量要求

烫酵面色白，质地较膨松，延展性较低。

技能 4 调制炸酥

一、操作准备

1. 原料

主要原料及用量见表 4–4。

表 4–4 主要原料及用量 g

原料	用量
面粉	500
花生油	350

2. 设备和器具

案台、炉灶、案板、炒锅、台秤、手勺、盆。

二、操作步骤

步骤 1　热油

将 350 g 花生油倒入炒锅内。炒锅上火，将油烧至八成热。

步骤 2　下粉

将 500 g 面粉盛装于盆中。

步骤 3　调制

将烧至八成热的花生油趁热倒入面粉中，边倒边搅，炸炒熟透成金黄色的炸酥。

三、操作要点

1. 热花生油倒入面粉中时一定要边倒边搅，而且要搅拌均匀。
2. 制作好的酥心必须要放凉后再使用。
3. 将花生油与面粉直接拌均匀，再放入烤箱中烤熟，也可作为炸酥使用。

四、质量要求

炸酥成品色黄、质软，呈松散稀浆状。

培训项目 2 生坯成形

培训单元 1 大包酥开水油皮暗酥

培训重点

1. 开酥的概念、方法、种类。
2. 酥层的表现形式。
3. 暗酥卷、擀、叠、切的成形方法。
4. 大包酥开水油皮暗酥的方法。

知识要求

一、开酥的概念和基本方法

开酥又称破酥、起酥、包酥，是指以水油面做皮，干油酥做心，水油面包干油酥后，经过卷、擀、叠、切等不同工艺方法，使面坯形成层层间隔状态的工艺过程。开酥是层酥面坯成品制作中最基本、最关键的环节，开酥效果直接影响成品的酥层质量。

1. 面坯比例搭配

层酥面坯酥皮与油酥的比例，需要根据成品的质量要求而定。如果干油酥过多，那么不仅开酥困难且皮坯容易破裂、露馅，成熟时也易出现碎皮现象；如果水油面过多，那么成品坯皮硬实、酥层过厚，影响制品质感。水油面与干油酥的比例要根据成品的造型和成熟方法而定。一般情况下，采用炸的成熟方法，讲究造型的成品水油面与干油酥的比例为6∶4；采用烤的成熟方法，讲究口感酥化的成品水油面与干油酥的比例为5∶5；当然也有个别品种的比例为7∶3。

2. 开酥方法分类

开酥的基本方法有大包酥和小包酥两种。

（1）大包酥

大包酥又称大酥，一次起酥，可形成几个至几十个坯皮，常用于对酥层要求不高的制品，或在大量制作时使用。制作时先把干油酥包入水油面内，包好后用手按扁，擀成长方形坯皮，折叠成三层擀开，再折叠、擀开，反复2～3次，再擀成长方形薄皮，按成品要求切出面剂。大包酥经常用于风车酥、酥盒、金钱酥、车轮酥等点心的制作。

特点：速度快，效率高，适合大批量生产，但酥层不够细腻。

（2）小包酥

小包酥是多次起酥，一次只可做几只坯剂。制作时，把水油面和干油酥均按制品分量的要求分成相同数量的剂子，逐个将干油酥面剂包入水油面面剂之中，收好口，用面杖擀成长方形面皮，叠成三层或从一头卷起卷紧，再顺长边擀薄，然后对叠成三层或从一头卷起，整理成所需要的坯剂。

小包酥优点是酥层均匀，起酥效果好，皮面光滑，制品精细；缺点是较费工时，速度慢，效率低。小包酥适合做花色酥点。

二、酥层的种类

不论是大包酥还是小包酥，其在酥层的表现上都有明酥、暗酥、半暗酥之分。

1. 明酥

经过开酥制成的成品，酥层明显呈现在外的称为明酥。明酥按切刀法的不同可以分为直酥和圆酥。明酥的线条呈直线形的称为直酥，呈螺旋纹形的称为圆酥，如图4–5所示。

2. 暗酥

经过开酥制成的成品，酥层不呈现在外的称为暗酥，如图4–6所示。

a)　　b)

图 4-5　明酥

a）圆酥　b）直酥

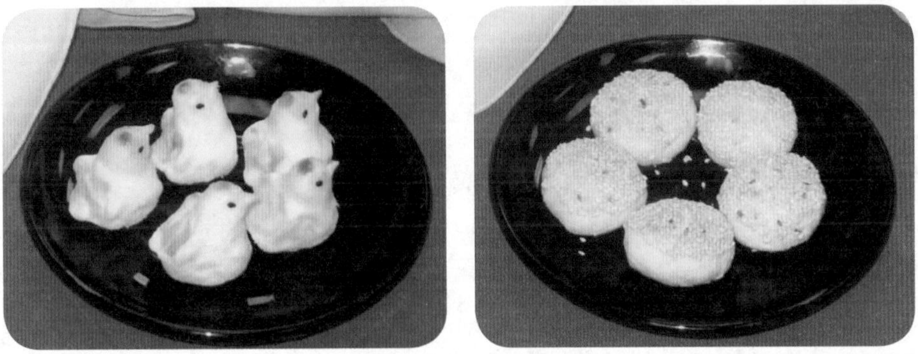

a)　　b)

图 4-6　暗酥

a）水油皮　b）酵面层酥

（1）暗酥的工艺方法

暗酥是不能在成品表面看到层次，只能在其侧面或剖面才能看到层次的酥皮。它的制法有两种：一种是面坯开酥后卷成筒形，再按品种要求切成小面剂，刀切面在两侧，用手按扁或擀成圆形坯皮；另一种是面坯开酥后，擀成方形片，再用刀切出符合要求的小坯皮。

（2）暗酥的工艺要求

1）开酥时不宜擀得太薄，否则容易乱酥，酥层层次不清。

2）卷制时要卷紧，否则酥皮容易产生脱壳现象。

3）制成的坯皮应该中间略厚，四周稍薄，以便于包捏造型。

3. 半暗酥

经开酥后制成的成品，酥层一部分呈现在外，另一部分呈现在内的，称为半暗酥，如图 4–7 所示。

a)　　b)

图 4–7　半暗酥

a）水油皮　b）擘酥

（1）半暗酥的工艺方法

开酥时采用卷的方法，再顶刀直切成一段段的坯剂，将剂子截面朝上，用手斜向 45°角按下，使坯皮一部分呈现明酥层，另一部分为暗酥。半暗酥的特点是酥层大部分藏在里面，仅有一小部分露在外面，成熟后胀发性较暗酥制品大。这一工艺一般适合制作果蔬类造型的花色酥点。

（2）半暗酥的工艺要求

半暗酥的工艺要求与暗酥的工艺要求基本一致。

三、暗酥的成形方法

1. 卷

卷是根据成品要求将面坯（或包好酥的面坯）擀成片，再将片弯转裹成圆筒形的成形工艺技法。

（1）卷的方法

皮面包酥面后，擀成 0.5 cm 厚的面片，去除多余部分修成长方形，然后由刀切口边向另一边卷起。

（2）卷的要求

1）修齐边缘。面坯擀成面片后，要用刀切成规整的长方形片，否则卷筒的两端不整齐，影响出品率。

2）少量刷水。卷筒前可以在面片的表面刷（或抹）少量水或蛋液，使其粘连，便于卷紧卷实。

3）厚薄一致。包酥后擀开的面片要厚薄一致，否则卷筒粗细不一致，剂子的大小也不易一致。

4）少用生粉。只有少用生粉，卷筒才能卷实、卷紧，从而避免成品脱壳。

5）酥心抹制均匀适量。由于炸酥多为浆状，若抹酥过多，则易从皮面周边溢出，影响操作。若抹酥过少，则面坯酥性较小，成品口感欠酥。

（3）卷的特点

卷的工艺方法成倍地增加了酥层的层次，使成品口感更酥松，造型更丰富。

2. 擀

擀是运用擀面工具来回碾压面坯（或包好酥的面坯），使之延展变平、变薄的成形工艺技法。擀具有很强的技术性，承担着面坯成形与成品成形的双重任务。

（1）擀的方法

由于使用的工具不同，擀有多种操作方法，可以用面杖、走槌等，技术性较强。

（2）擀的要求

开酥时运用擀的工艺方法，一般都是作用于经过包酥的面坯，所以开酥时的擀与其他擀有一定区别。

1）双手用力均匀。无论使用走槌还是面杖，开酥时用力都要均匀，擀要擀平，一擀到底，不要擀出波浪纹，否则酥心容易顶破皮面，造成破酥。

2）双手运行速度一致。擀制时，无论是前推擀还是后回拉，双手运行速度都要一样，否则层酥面坯边线走形，不仅影响出层率，而且使成品层次混乱。

（3）擀的特点

面剂大小不限，面皮薄厚自如。

3. 叠

叠是指在面片（或包好酥的面坯）上面再加上一层，使面片层层叠叠地成为摞的成形工艺技法。

（1）叠的方法

层酥面坯可以重复折叠，其方法大多为对折或三折。

（2）叠的要求

1）叠平叠齐。叠平、叠整齐是保证成品酥层清晰、造型美观的基础。

2）适当折叠。叠制前的抹油或包油酥是为了隔层，但不宜过多，否则影响擀制。

3）对齐边线。叠制要掌握好长、宽的尺寸，使边线对齐，每一次对叠时上下宽窄一致。

（3）叠的特点

层次均匀清晰，厚薄一致，形状整齐。

4. 切

切是指借助刀具将面坯（或包好酥的面坯）分割成若干部分的成形工艺技法。

（1）切的方法

切的方法有两种，一种是手工切，一种是机器切。在制作油酥的过程中多使用手工切。

（2）切的要求

1）刀刃要锋利。切层酥面坯的刀刃必须锋利，以保证切制时快速分割皮坯，否则成品的层次不清晰，容易乱酥。

2）下刀要准确。切制层酥面坯，下刀必须准确。因为层酥面坯是由两块性质完全不同的面团组成的，因下刀不准确导致的规格不一致是无法调整的。

3）下刀要稳。层酥面坯的厚度以三层的倍数递增，即有时面坯厚度较大，所以下刀时握刀要稳，垂直上下，不可歪斜，否则影响成品层次。

（3）切的特点

规格一致，整齐划一。

技能要求

技能　大包酥开水油皮暗酥

一、操作准备

1. 原料

主要原料及用量见表 4–5。

表 4-5　主要原料及用量　　g

原料	用量
水油面	300
干油酥	200

2. 设备和器具

案台、台秤、走槌、刀。

二、操作步骤

步骤 1　大包酥

将水油面 300 g 用手按成中间稍厚、边缘稍薄的圆形片。再将 200 g 干油酥放在圆形片上，提起水油面边缘，将干油酥包入其中。

步骤 2　封口按实

将水油面收口按紧，从中间逐渐按向边缘。

步骤 3　开酥

用走槌将面坯擀开、擀薄，分别擀出面皮四角，使面皮呈长方形。

步骤 4　擀叠起层

从长方形薄片的两边 1/3 处叠向中间（叠“一个三”），再次擀成长方形薄片。

步骤 5　下剂

用刀将长方形面皮拦腰切成上下两片，从薄片的切口一边将面卷拢卷紧，成圆柱条，然后再用刀顶刀切成剂子。

大包酥开水油皮暗酥操作步骤如图 4-8 所示。

a)　　b)

c)

d)

e)

f)

g)

h)

i)

j)

图 4-8　大包酥开水油皮暗酥操作步骤

a）水油面按成圆片　b）干油酥放在圆片上　c）干油酥包入水油面　d）收口按紧　e）走槌擀开、擀薄　f）擀出面皮四角　g）面皮呈长方形　h）叠“一个三”　i）卷成圆柱条　j）刀切下剂

三、操作要点

1. 水油面与干油酥的软硬要一致，否则会使面皮层次厚薄不匀，甚至破酥。

2. 水油面与干油酥的比例要适当。酥皮和酥心的比例是否适当，直接影响成品的外形和口感。如果干油酥过多，擀制就困难，而且易破酥、漏馅，成熟时易碎；如果水油面过多，易造成酥层不清，成品不酥松，就达不到成品的质量要求。

3. 包酥位置适中。经包酥后，酥心应居于面皮正中，否则经开酥后，面皮层次会混乱。

4. 擀制用力均匀。擀制时用力要均匀，使酥皮厚薄一致；用力要轻而稳，不可用力太重，否则会将面皮擀制得太薄，造成破酥、乱酥、并酥现象。

5. 尽量少用干粉。擀制时干粉如果用得过多，会加速面坯变硬，而且干粉若粘在面坯表面，会影响成品层次的清晰度，使酥层变得粗糙，还会使制品在熟制（油炸）过程中出现散架、破碎的现象。

6. 卷紧叠平。开酥工艺中卷要卷紧，叠要叠实叠平，否则酥层之间黏结不牢，易造成酥皮分离。

四、质量要求

剂子规格一致，层次紧实、均匀，无破酥、乱酥、实心现象。

培训单元 2 大包酥开酵面皮暗酥

培训重点

1. 酵面皮在开酥过程中的性质变化。
2. 酵面层酥抹酥开暗酥的方法。

技能要求

技能　芝麻酱糖火烧开酥

一、操作准备

1. 原料

主要原料及用量见表 4–6。

表 4–6　主要原料及用量　g

原料	用量	原料	用量
中筋面粉	500	红糖	500
酵母	3	芝麻酱	400
水	280	植物油	200
面粉	100		

2. 设备和器具

案台、台秤、不锈钢盆、罗筛、走槌、屉布、笼屉、蒸箱、烤盘。

二、操作步骤

步骤 1　备料

将红糖用走槌擀碎；笼屉上垫干屉布，将面粉置于屉布上，入蒸箱干蒸至熟透，稍晾凉后过罗筛成熟面粉。

步骤 2　调制糖油酥

熟面粉与红糖混合，用植物油将芝麻酱澥开，将熟面粉与红糖、芝麻酱放入不锈钢盆中混合均匀，即成糖油酥。

步骤 3　调制发酵面坯

500 g 中筋面粉与酵母、水调制成发酵面坯，醒面 20 min。

步骤 4　开酥

用走槌将发酵面坯擀成 1 cm 厚的长方形，将糖油酥抹在长方形面片表面，从面片的一头边抻边卷成筒状剂条。

步骤 5　下剂

挖剂子（20 g/ 个）30 个。

步骤 6　成形

双手将剂子稍抻拉后，将两截口对折攒进饼坯中，攒紧攒光滑，直至饼坯颜色酱红，将饼坯光滑面向上码入烤盘，用手稍稍按扁即可。

芝麻酱糖火烧开酥操作步骤如图 4–9 所示。

三、操作要点

1. 糖油酥要选用红糖制作。

2. 饼坯成形时，要充分攒紧攒光滑，否则烧饼成品的色泽难以成为酱红色。

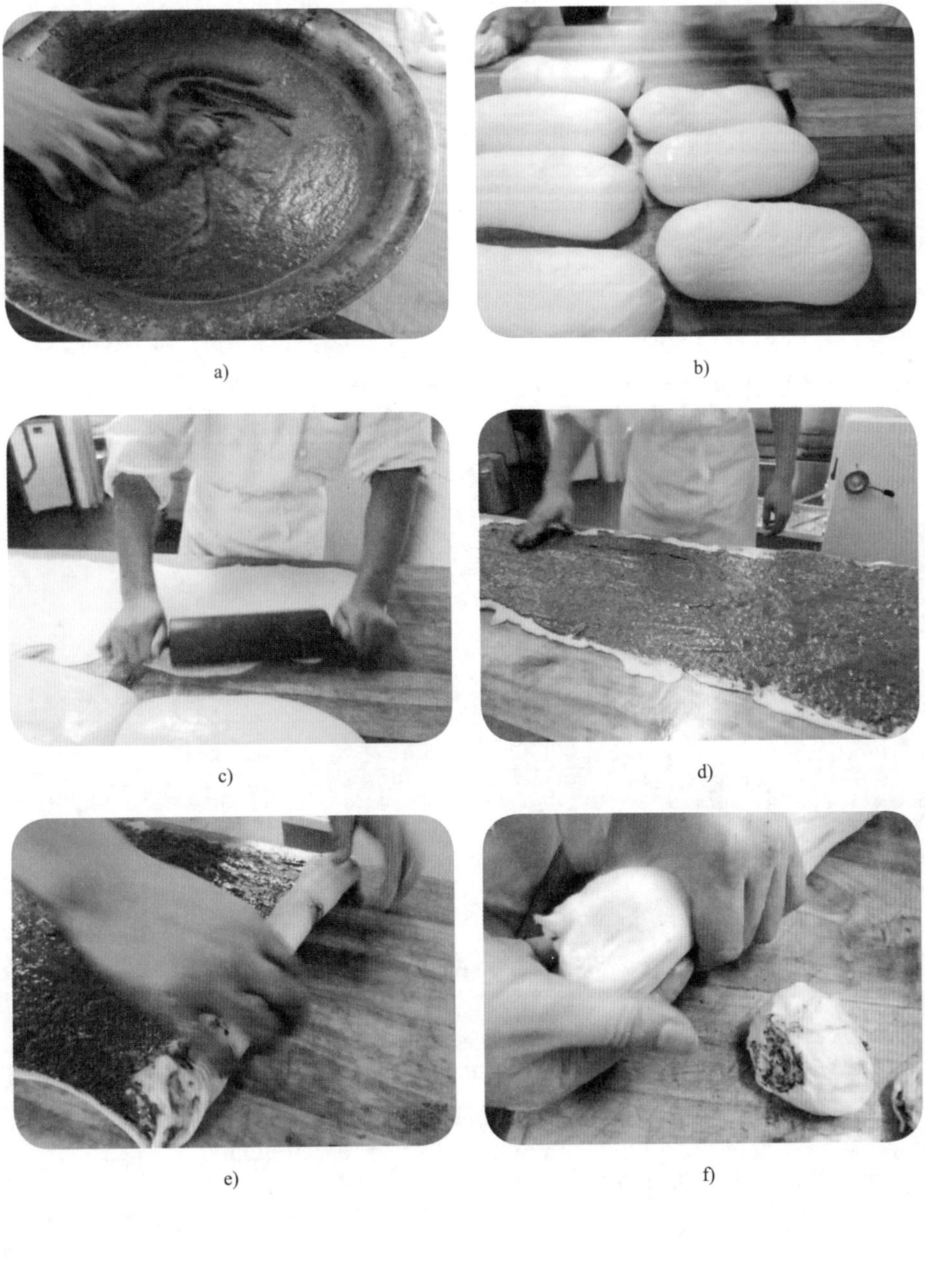

a)　b)　c)　d)　e)　f)

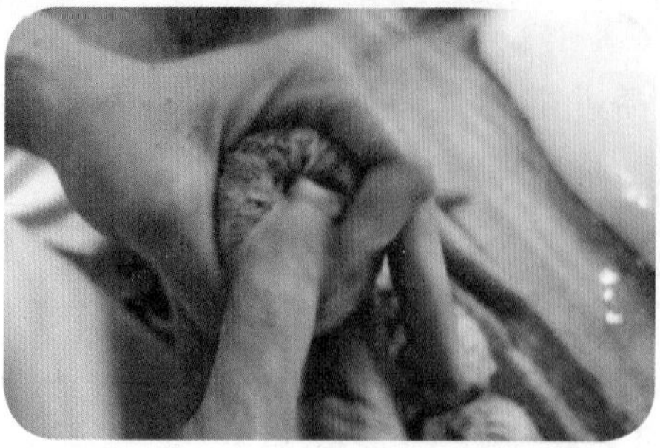

g)

h)

图 4-9　芝麻酱糖火烧开酥操作步骤

a）糖油酥　b）发酵面坯　c）发酵面坯擀片　d）抹糖油酥
e）卷成筒状　f）挖剂　g）攒紧　h）码入烤盘

四、质量要求

形状呈圆饼状，色泽为酱红色，层次丰富。

培训单元 3　暗酥生坯成形

培训重点

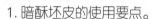

1. 暗酥坯皮的使用要点。
2. 暗酥、半暗酥制品的成形工艺方法。

技能要求

技能 1　暗酥生坯成形——黄桥烧饼

一、操作准备

1. 原料

主要原料及用量见表 4-7。

表 4–7 主要原料及用量 g

原料	用量	原料	用量	原料	用量
烫酵面	300	生猪板油	250	白芝麻仁	70
干油酥	200	大葱	120	饴糖	30
香葱	80	食盐	26	热水	100

2. 设备和器具

案台、馅盆、馅挑、走槌、刀、擀面杖、小碗、刷子、小盘、烤盘。

二、操作步骤

步骤 1 制馅

将大葱去根洗净，切成葱花，放入盘中备用。生猪板油撕去皮膜，去筋，切成小丁，放入盆内，加入食盐、葱花，拌和成生猪板油馅心。

步骤 2 调制葱油酥

将干油酥搓擦柔软，加入食盐、香葱拌成葱油酥，备用。

步骤 3 开酥

将烫酵面置于案台上，大包酥后擀成长方形片，叠“一个三”后再次擀开成片，卷条，切剂子 30 个。

步骤 4 制皮

右手拇指与食指扶住剂子上下截口，将剂子平放在案台上，左手拇指按下剂子中间，右手拇指与食指将翘起的两端捏拢下按并用掌根按剂子，再用擀面杖将剂子擀成中间厚边缘薄的圆皮。

步骤 5 成形

面皮光滑面在下，包入生猪板油馅，捏拢收口后再擀成椭圆形。

步骤 6 粘芝麻

将饴糖放入小碗内，加入热水，调和成饴糖水备用。将白芝麻仁拣去杂质，放在小盘中备用。随后用软刷在饼面上刷上一层饴糖水，将饼放入白芝麻仁盘中，粘满白芝麻仁后码入烤盘。

黄桥烧饼成形操作步骤如图 4–10 所示。

a)

b)

c)

d)

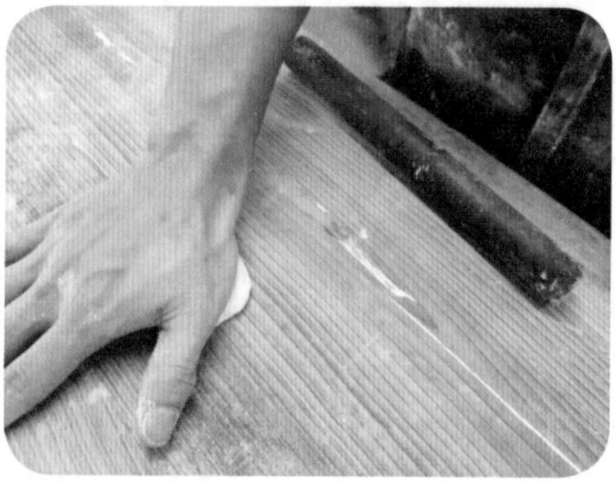

e)

f)

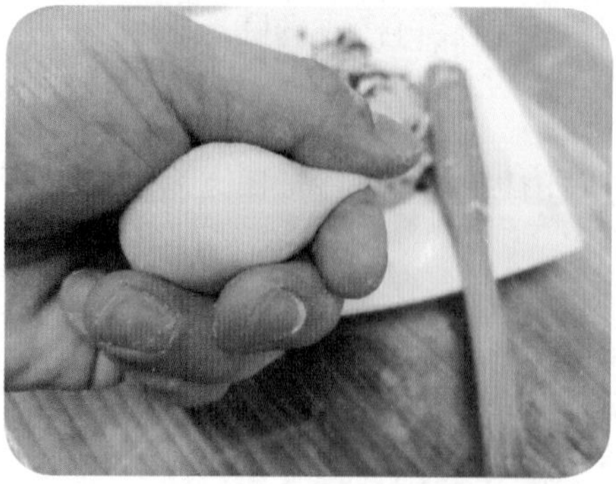

g)

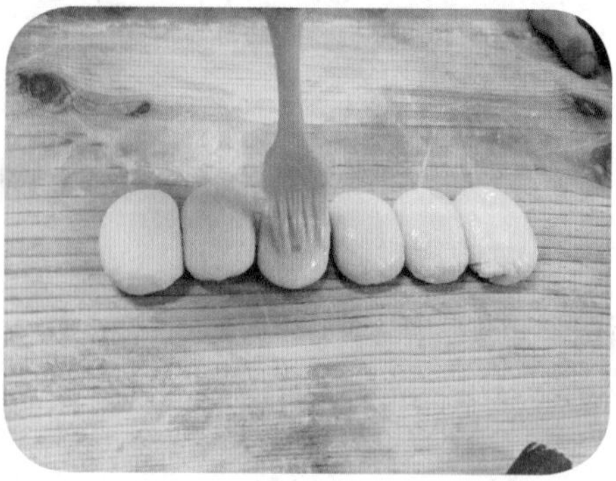

h)

i)

j)

图 4–10　黄桥烧饼成形操作步骤

a）准备板油馅　b）右手拇指与食指扶住剂子上下截口　c）左手拇指按下中段　d）捏拢下按
e）掌根按剂子　f）包馅　g）捏拢收口　h）刷饴糖水　i）粘白芝麻仁　j）码入烤盘

三、操作要点

1. 饴糖水要刷均匀，否则芝麻粘不均匀且易脱落。

2. 面皮包馅后擀成形时，用力要适当，用力过大易使馅心挤破面皮。

3. 烧饼的厚薄以 7 mm 左右为宜，过厚不易成熟，过薄会缺乏外酥里嫩的效果。

四、质量要求

规格整齐、大小一致，不破皮、不漏馅，表面粘满芝麻，呈椭圆形烧饼状。

技能 2　半暗酥成形——菊花酥

一、操作准备

1. 原料

主要原料及用量见表 4–8。

表 4–8　主要原料及用量　　g

原料	用量
水油皮剂子	450
豆沙馅	210
鸡蛋	50

2. 设备与器具

案台、擀面杖、刮刀、小手刀、毛笔。

二、操作步骤

步骤 1　制皮

右手拇指与食指扶住剂子上下截口，将剂子平放在案台上，左手拇指按下剂子中间，右手拇指与食指将翘起的两端捏拢下按并用掌根按剂子，再用擀面杖将剂子擀成中间厚边缘薄的圆皮。

步骤 2　包捏

豆沙馅搓成条，用刮刀切成规格为 35 g/个的剂子，用手搓圆。取一张面皮，光滑面在下包住一个馅心，捏拢收口，抹上蛋液，用手掌根按成厚 7 mm、直径 5 cm 的圆饼形状。

步骤 3　成形

用小手刀沿圆饼的半径四分之三处等间隔垂直切口，切成若干花瓣。将每片花瓣扭转 90°，使切口处露出的豆沙馅呈现在表面。

菊花酥成形操作步骤如图 4–11 所示。

a)

b)

c)

d)

e)

f)

图 4-11　菊花酥成形操作步骤

a）擀成中间厚边缘薄的圆皮　b）面皮光滑面在下包馅心　c）捏拢收口　d）厚 7 mm、直径 5 cm 的圆饼
e）等间隔垂直切口　f）切口处露出的豆沙馅呈现在表面

三、操作要点

1. 面皮厚薄要一致，包捏馅心要居中，否则花瓣厚薄不均匀。

2. 手刀切口要一致，否则花瓣粗细不均、长短不一。

四、质量要求

形似菊花，花瓣规格整齐、大小一致，不破皮。

技能 3　半暗酥成形——佛手酥

一、操作准备

1. 原料

主要原料及用量见表 4-9。

表 4-9　主要原料及用量　　g

原料	用量
水油皮剂子	450
豆沙馅	210
鸡蛋	50

2. 设备与器具

案台、擀面杖、刮刀、小手刀、蛋刷。

二、操作步骤

步骤 1　制皮

右手拇指与食指扶住剂子上下截口，将剂子平放在案子上，左手拇指按下剂子中间，右手拇指与食指将翘起的两端捏拢下按并用掌根按剂子，再用擀面杖将剂子擀成中间厚边缘薄的圆皮。

步骤 2　包捏

豆沙馅搓成条，用刮刀切成规格为 35 g/个的剂子，用手搓圆。取一张面皮，光滑面在下包住一个馅心，捏拢收口，抹上蛋液，双手掌将其搓成圆柱坯子（接口在圆柱中部）。

步骤 3　成形

将坯子平放在案台上，接口朝下，一手轻拿圆柱坯子一头，另一手掌根在圆柱坯子的 2/3 处将其按扁。小手刀先在按扁处的左右两边切开两个小口，再在按扁处等间距轻轻划若干道，但不划断。将坯子按扁的一头下折收起，再用小手刀在按扁处的下面中间挑起，成佛手造型。

佛手酥成形操作步骤如图 4–12 所示。

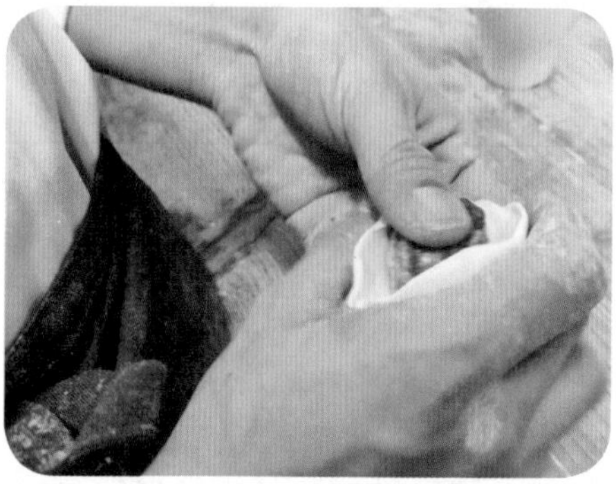

a)

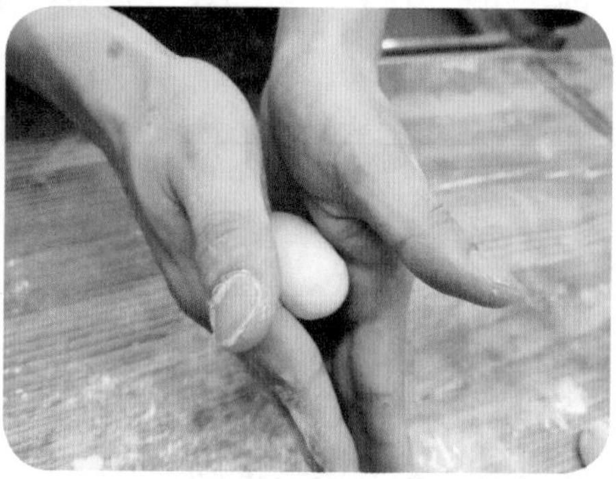

b)

c)

d)

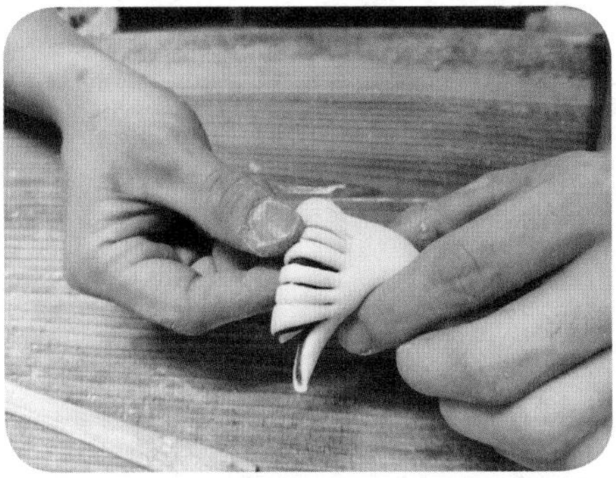

e)

f)

图 4–12　佛手酥成形操作步骤

a）捏拢收口　b）搓成圆柱　c）用手掌根按扁　d）手刀轻划但不划断

e）下折、收起　f）佛手造型

三、操作要点

1. 馅心与面坯软硬要一致。如果馅软面硬，那么烤制后馅心容易从佛手指缝中流出，影响造型。

2. 手刀划口间距要一致，否则佛手手指粗细不均匀。

四、质量要求

造型形象逼真，佛指均匀整齐。

技能 4　闻喜饼成形

一、操作准备

1. 原料

主要原料及用量见表 4–10。

表 4–10　主要原料及用量　g

原料	用量	原料	用量
面粉	500	猪板油	100
清水	270	食盐	20
植物油	50	大葱	200
熟猪油	100		

2. 设备与器具

案台、台秤、刀、擀面杖、锅铲、不锈钢盆、油刷。

二、操作步骤

步骤 1　和面

将面粉放入盆中，分次下水调制成水调面坯，静置 10 min。反复揉搓至滋润光滑有劲。

步骤 2　备馅

将猪板油切成黄豆大小的粒；大葱洗净，切葱花。

步骤 3　制剂

将面坯搓成长条，揪剂子 20 个，接口向上码放。双手轻轻按住剂子接口，将剂子搓成长 12 cm 、直径 1 cm 的剂条。将剂条完全浸泡在植物油中，静置 20 min。

步骤 4　制皮

在案台上刷油，将剂子放在案台上，用手指按扁，用擀面杖擀薄，将面皮右侧一段搭在右手上，右手轻轻抬起，抻拉成薄薄的长片（约 10 cm ×40 cm）。

步骤 5　上馅

在面片表面刷一层熟猪油，把猪板油粒 5 g、食盐 1 g、葱花 10 g 放在面片的最右侧。

步骤 6　包制

将右上角面片揭起，搭在馅上；再将右下角面片揭起，搭在上面。右手轻轻地沿 45° 角上下滚包馅心，最后卷包封口，立起稍按扁，成 1 cm 厚的圆饼生坯。

闻喜饼成形操作步骤如图 4-13 所示。

a)

b)

c)

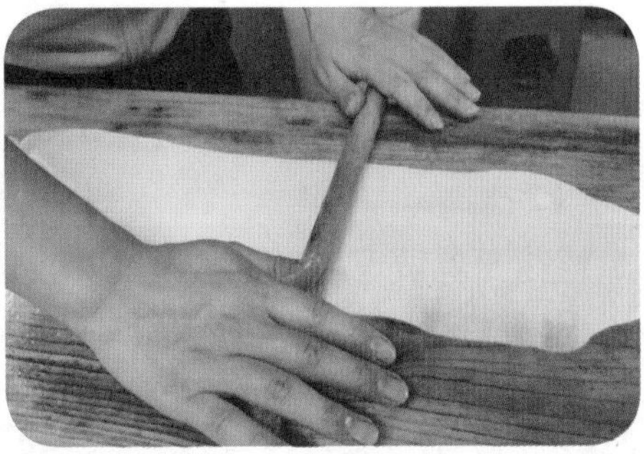

d)

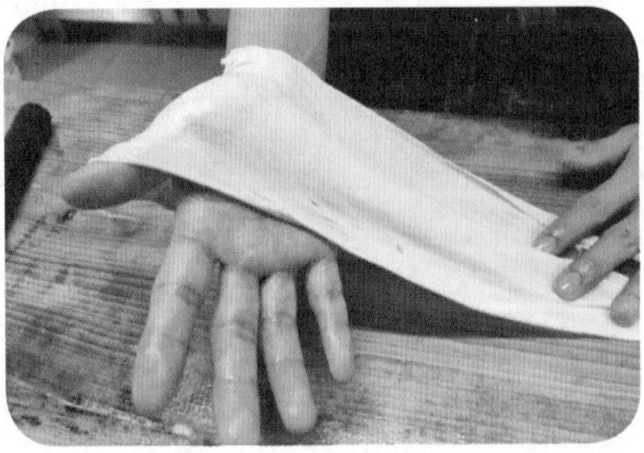

e)

f)

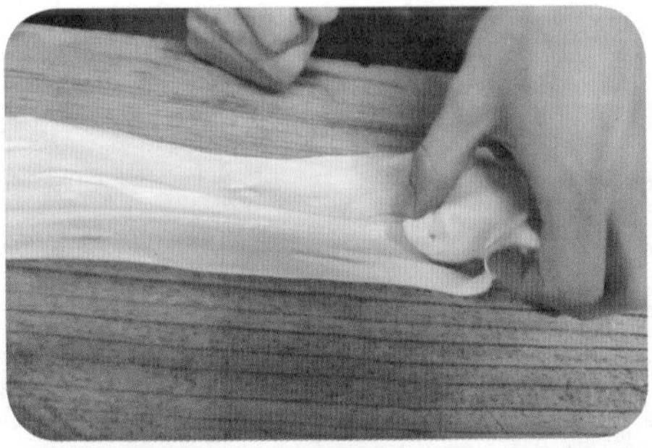

g)

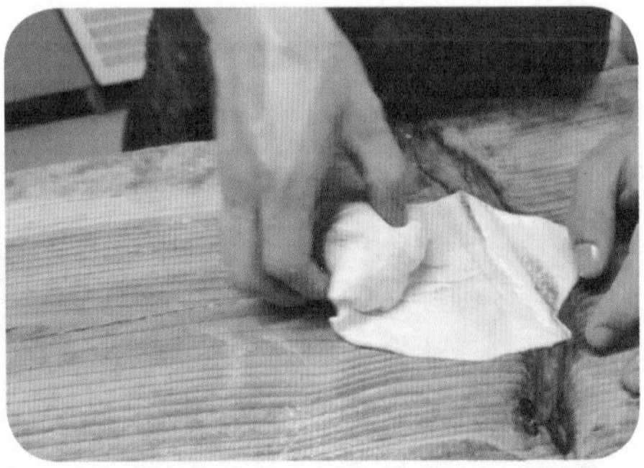

h)

i)

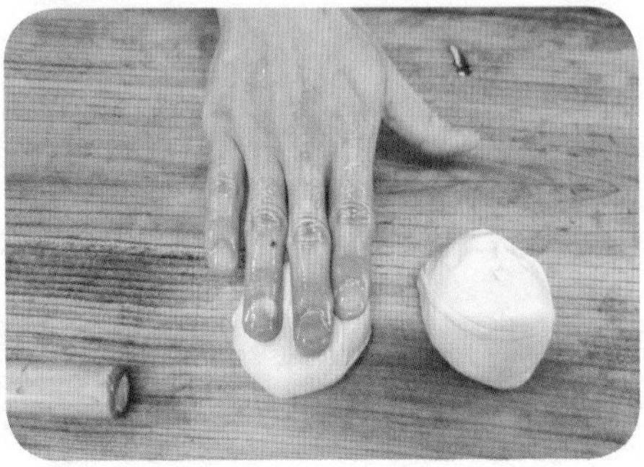

j)

图 4–13　闻喜饼成形操作步骤

a）剂口向上　b）搓条　c）按扁　d）擀开　e）抻拉　f）上馅
g）卷包 1　h）卷包 2　i）收口　j）稍按

三、操作要点

1. 面要揉均匀、揉透、醒透，使之生成足够的面筋，否则面皮抻拉时易断裂散碎。

2. 葱花要现做现切，食盐不能提前与猪板油、葱花混合，否则影响成品质量。

3. 卷包要松，尽量裹进空气，才能保证成品有层次，口感酥脆。

四、质量要求

圆形饼状，表面有螺旋花纹。

培训项目 3 产品成熟

培训单元 1 烤制暗酥成品

培训重点

1. 烤制暗酥成品的方法。
2. 烤制暗酥成品的关键工艺。

知识要求

一、烤制暗酥成品的工艺要点

1. 准确选择烤箱温度

任何烤制品由生变熟，并形成组织膨松、香甜可口、富有弹性的特色，都是烤箱内高温的作用。所以，烤制的关键工艺在于掌握烤箱温度。由于烤箱的种类较多，各种烤箱的结构不同，烤箱内不同部位的温度也不同。特别是不同的面点制品，成品的口感要求、色泽要求、造型要求各异，烤箱温度的确定是成品达到要求的基本条件。烤箱温度分为低温、中温、高温三种。

（1）低温

烤箱温度在 170 ℃以下为低温。烤箱温度较低，面坯的流散性强，也有利于保持面坯的原有色泽。但低温长时间烤制会造成面坯水分的流失，容易导致成品口感干硬。低温适合烤制颜色较浅的暗酥制品。

（2）中温

烤箱温度在 170 ~ 220 ℃范围内为中温。在此温度范围内，烤箱内的热传递、热辐射较为均匀、柔和，适合烘烤的暗酥品种范围较广，如佛手酥、鸳鸯酥、枣花酥等各式花色酥点。

（3）高温

烤箱温度在 220 ℃以上为高温。较高的烤箱温度能够使制品迅速定形，也能保持成品中的水分。但容易上色的成品，烤制时间稍长也容易焦煳。高温适合烤制体积较厚、质感外焦里嫩的暗酥制品，如黄桥烧饼、芝麻酱烧饼、乐亭烧饼等。

2. 适时调节烤箱温度

烤箱温度的适时调节有两方面含义：一方面是底火、面火温度一致时，烤制过程前后温度变化的调节；另一方面是在烤制过程中虽然不需要变化温度，但底火和面火温度不一致的调节。

（1）烤箱内温度的整体调节

烤制品是在高温中通过传导、对流、辐射作用成熟的。许多成品要求外表酥脆，内瓤松软，只用一种温度很难达到质感要求，烤制不当会造成外表焦煳而内部不熟。面点烤制实践中大多数品种都是采取“先高后低”的调节方法，达到使制品表面上色的目的。外表上色后，就要降低烤箱温度，使制品内部逐步成熟，达到成熟度内外一致的目的。

（2）底火温度与面火温度的调节

烤箱内的底火具有向上鼓起的作用，且热量传递快而强，以传导的方式进行。底火主要决定制品的膨胀或酥松程度，即烘烤的制品是否松发，发酵制品是否胀大隆起，均取决于底火的作用。如果底火温度过低，易使制品表面焦煳，底面不熟；如果底火温度过高，易使制品底面焦煳，坯体松发性差。面火主要决定制品的外部形态，其热量传递是以辐射方式进行的。烘烤中若面火温度过低，易使生坯上部改变形态；如果面火温度过高，易使坯体顶部过早凝固僵硬，影响底火的向上鼓起作用，导致坯体膨胀不够。所以，底火、面火各有作用，又相互影响，烘烤操作中应根据不同制品的造型质量要求，灵活调节底火温度、面火温度，使之符合不同制品熟制工艺的需要。

3. 严格控制烤制时间

烤制品的成熟度与温度的高低和烘烤时间的长短有密切的联系。烤箱温度的高低与烤制时间的长短又是相辅相成、相互制约的。如果烤箱温度低，烤制时间长，会使制品水分蒸发，使制品失水；如果烤箱温度低，烤制时间短，则使制品不易成熟或变形；如果烤箱温度高，烤制时间长，则制品外煳内硬，甚至炭化；如果烤箱温度高，烤制时间短，会使制品外焦内嫩或不熟。在实际操作中，必须根据制品的大小、厚薄，原材料的处理情况及烤箱温度的高低来掌握烤制时间。

4. 烤盘和生坯摆放要合适

烤盘间距和生坯在烤盘内摆放的密度对烘烤也有直接影响。如果摆放稀疏，就不利于热能的充分利用，易造成烤箱内湿度小、火力集中，使制品表面粗糙、灰暗，甚至焦煳；如果摆放过密，会影响生坯膨胀，甚至导致生坯相互粘连，破坏造型。因此生坯摆放既不能过稀，也不能过密。生坯摆放以满盘为宜。

5. 控制烤箱内湿度

烘烤湿度是指烘烤中的湿润程度，由烤箱内湿空气和制品本身蒸发的水分决定。烘烤湿度直接影响制品的色泽和口感。如果湿度适当，可使制品上色均匀且恰到好处；如果湿度小，制品上色差且无光泽，口感干燥粗糙。烤制工艺中烤箱内相对湿度以65%~70%为宜。对含油量、含糖量少的品种要注意增加湿度。烤箱内湿度与烤箱温度、烤箱门封闭情况和烤箱内烤制品数量等因素有关。调整湿度的方法主要有以下两种。

（1）设备调节

有些烤箱带有恒湿控制功能，还有些烤箱具有补水功能。当烤制品需要恒湿控制或增加湿度时，按下恒湿按钮或补水按钮即可。

（2）手工调节

普通烤箱没有恒湿或补水功能，可以采用人工调节的方法。第一，可在烤箱内放一碗水进行调节，在烘烤中水分蒸发达到增加烤箱内湿度的目的。但操作中要注意防止水洒在烤盘上。第二，烤制中减少开烤箱门的次数，以避免水分散失。第三，烤箱外的排气孔可适当关闭，以利于保湿。

二、烤制暗酥成品的质量要求

暗酥的酥层层次不显现在制品表面，所以除符合制品的色、味、形、质等要求外，还要求横切面有层次，制品不散、不碎，形状规整，有一定的胀发性，成品无生心、无硬皮。

技能要求

技能 1　烤制黄桥烧饼

一、操作准备

1. 原料

黄桥烧饼生坯。

2. 设备与器具

烤箱、防护手套、夹子。

二、操作步骤

步骤 1　烤箱预热

接通烤箱电源，将面火温度设置为 250 ℃，底火温度设置为 200 ℃。

步骤 2　送入生坯

当烤箱温度达到设定温度时，将码放黄桥烧饼生坯的烤盘送入烤箱内，关好烤箱门。

步骤 3　烤制

烘烤 15 min，透过可视窗观察，当饼坯鼓起、色泽金黄时即准备出烤箱。

步骤 4　成品出炉

双手戴防护手套，打开烤箱门，将烤盘取出。

步骤 5　装盘

用夹子将黄桥烧饼夹出装盘。

黄桥烧饼成品如图 4–14 所示。

图 4–14　黄桥烧饼成品

三、操作要点

1. 烤箱必须预热，待达到烤制温度时，才可将生坯放入烤箱。

2. 饼坯在烤盘中的摆放间距要一致，以确保饼坯受热均匀。

3. 烤盘应放在烤箱的中间，以确保烤盘及饼坯受热均匀。

4. 在烤制过程中，尽量使用可视窗观察烤制程度，频繁开启烤箱门会影响饼坯起层。

5. 将烤盘拿出烤箱时，要戴好防护手套，防止烫伤。

四、质量要求

色泽金黄，形态饱满，层层酥脆，一触即落，入口酥松，咸鲜不腻。

技能 2 烤制芝麻酱糖火烧

一、操作准备

1. 原料

芝麻酱糖火烧生坯。

2. 设备与器具

烤箱、防护手套、夹子。

二、操作步骤

步骤 1 烤箱预热

接通烤箱电源，设置底火温度为 180 ℃，面火温度为 200 ℃。

步骤 2 送入生坯

当烤箱温度达到设定温度时，将码放芝麻酱糖火烧生坯的烤盘送入烤箱内，关上烤箱门。

步骤 3 烤制

透过可视窗观察，当饼坯鼓起、色泽棕红时即准备出烤箱。

步骤 4 成品出炉

双手戴防护手套，打开烤箱门，将烤盘取出。

步骤 5 装盘

用夹子将芝麻酱糖火烧夹出装盘。

芝麻酱糖火烧成品如图 4–15 所示。

图 4-15　芝麻酱糖火烧成品

三、操作要点

1. 烤箱必须预热，温度达到要求时才可将生坯放入烤箱。
2. 面火温度应高于底火温度，目的是使制品表面色泽加深。
3. 烤箱温度不宜设置过高，此品种需要慢火将糖油融为一体。
4. 避免频繁开启烤箱门，否则会影响饼坯起层。
5. 将烤盘拿出烤箱时，要戴好防护手套，防止烫伤。

四、质量要求

色泽酱红，酱香浓郁，表皮酥脆，内瓤暄软，层次丰富，口味浓甜。

技能 3　烤制菊花酥（佛手酥）

一、操作准备

1. 原料

菊花酥（佛手酥）生坯、鸡蛋。

2. 设备与器具

毛笔、烤箱、防护手套、夹子。

二、操作步骤

步骤 1　装饰

将蛋黄与蛋清分开，用毛笔蘸蛋黄点在菊花酥生坯花瓣中心（佛手酥手背）。

步骤 2　烤制

将菊花酥（佛手酥）生坯均匀整齐地码放在烤盘内，送入底火 180 ℃、面火 200 ℃的烤箱烤熟。

步骤 3　装盘

用夹子将菊花酥（佛手酥）夹出装盘。

半暗酥成品如图 4–16 所示。

a)

b)

图 4–16　半暗酥成品

a）菊花酥　b）佛手酥

三、操作要点

烤箱要提前预热。

四、质量要求

成品规格一致，口感酥松，色泽分明，纹路清晰。

培训单元 2　烙制暗酥成品

培训重点

1. 烙制暗酥成品的方法。
2. 烙制暗酥成品的工艺要点。

知识要求

一、烙制暗酥成品的工艺要点

暗酥成品烙制一般使用干烙法或刷油烙法。暗酥成品烙制需要两面翻动，而且每翻动一次，要刷一次油。其制作要点如下。

1. 烙锅必须刷洗干净

锅清洁与否，对成品影响很大。操作前必须把锅底、锅边的杂质和黑垢铲除，以防烙制后成品表面有黑色斑点，影响成品外观。另外，每次制作完后，也要对烙锅进行彻底清洁，否则剩余的油或者高温焦煳的黑斑都会影响下一次制作。

2. 饼铛必须预热均匀

烙制任何制品，饼铛必须预热，只有饼铛达到与制品相匹配的温度时，才能将生坯放入饼铛中，否则制品在熟制中会严重失水，出现成品干硬等现象。

3. 控制好火候

根据制品的大小确定火候的大小。操作时，注意力要集中，必须按制品的不同要求掌握火候大小和温度高低，否则稍有疏忽，制品就会出现焦煳现象。

4. 制品受热要均匀

饼铛在受热后，一般是中间部位温度高、边缘部位温度低。为使制品均匀受热，大多数制品在烙制到一定程度后要移动位置，使制品的边缘转到饼铛的中心。这样制品就能全面均匀地受热成熟，不致出现中间焦煳、边缘夹生的现象。

二、烙制暗酥成品的质量要求

1. 两面色泽一致。

2. 质感符合成品要求。

3. 层次分明，色泽金黄，外焦内软。

4. 无夹生、硬心、粘牙现象。

技能要求

技能 烙制闻喜饼

一、操作准备

1. 原料

闻喜饼生坯。

2. 设备和器具

饼铛、锅铲等。

二、操作步骤

步骤 1 预热

饼铛接通电源，打开开关，设置面火温度、底火温度均为 200 ℃，预热。

步骤 2 加热

将生坯码放在饼铛内，盖严饼铛盖，约 7 min 后打开饼铛盖。

步骤 3 翻面

当饼坯底色为金黄色时，用锅铲将饼坯翻面，盖上饼铛盖继续烙制约 5 min。

步骤 4 出锅

当闻喜饼两面均呈现金黄色时，说明其已熟透，将其铲入盘中。

闻喜饼烙制操作步骤如图 4–17 所示。

a)

b)

c)

d)

e)

图 4–17　闻喜饼烙制操作步骤

a）生坯码放　b）翻面　c）盖上饼铛盖　d）取出　e）闻喜饼成品

三、操作要点

1. 饼铛必须提前预热，否则渗油严重，成品干硬。

2. 火候适当。如果饼铛过凉，会使成品渗油、干硬；如果饼铛太热，成品容易夹生。

四、质量要求

圆形，表面有螺旋花纹，色泽金黄，薄皮酥脆，咸鲜香浓。

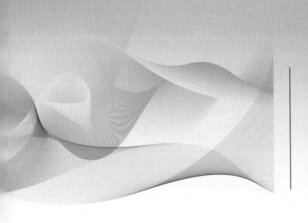

培训模块五 米制品制作

内容结构图

- 米制品制作
  - 面坯调制
    - 米粉面坯配料
    - 生粉团面坯调制
    - 熟粉团面坯调制
  - 生粉团生坯成形与熟制
    - 生粉团生坯成形
    - 生粉团生坯熟制
  - 熟粉团生坯熟制与成形
    - 熟粉团生坯熟制
    - 熟粉团成形

培训项目 1 面坯调制

培训单元 1 米粉面坯配料

培训重点

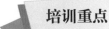

1. 米粉的种类。
2. 米粉面坯的概念及特点。
3. 米粉面坯的掺粉方法。

知识要求

一、米粉的种类

用于调制米粉面坯的米粉按加工方法可分为干磨粉、湿磨粉、水磨粉三种，在使用上有所不同，一般来说，餐饮业多用湿磨粉和水磨粉做精细点心。

1. 干磨粉

干磨粉是各类米不经加水直接磨成细粉。其优点是含水量少，保管方便，不易变质，用途很广；缺点是粉质较粗，滑爽性差。一般松质糕多用干磨粉调制面坯，调制时掺水较多。

2. 湿磨粉

湿磨粉需要经过淘米、静置、着水的过程，直到米粒松胖才能磨制。湿磨粉比干磨粉细软滑腻，成品口感也较软糯。其缺点是含水量多，难以保存，特别是热天，应随磨随用，如果要保存，必须晒干才行。湿磨粉可做蜂糕、年糕等。具体制作方法如下。

（1）淘米、静置、着水

淘米的主要目的是除去米粒中的灰尘等杂质，并让米粒吸收水分。米淘好后在静置过程中，谷胶蛋白质会很快地把从表皮接触到的水分吸收掉，所以需要继续不断地“着水”，使米吸收充足的水分后发松发胖，便于磨碎磨细。“着水”的方法就是将米淘好后，每经过数分钟的静置，再淋些水静置。

（2）磨粉和筛选

过去都是将粉磨好后再用罗筛筛选，罗筛上的粗粉必须再磨。现在都是在磨的出口处装有罗筛，可根据成品的要求，调节网眼的粗细，磨出来的粉一次就符合要求，大大提高了米粉质量，节省了人力和时间。

3. 水磨粉

水磨粉多数用糯米并掺入少量的粳米（糯米占 80%~90%，粳米占 10%~20%）制成，粉质比湿磨粉细腻，口感滑润，可以制成特色糕团，如水磨年糕、水磨汤圆等。水磨粉虽然口感好，但工序复杂，具体制作方法如下。

（1）先将糯米、粳米按比例掺和，淘洗干净，浸米。浸米使米粒吸足水分，直至米粒松胖，用手轻轻一捻就可粉碎时捞出，用清水冲去泡米的酸味，控干，再加适量清水上磨。磨时，米与水的量基本相等，若水少则会影响粉浆流动，若水过多则粉浆稀薄，粉质不细，要求磨得越细越好。

（2）压粉（或挤粉）是将已磨好盛在袋内的粉浆压去水分，一般用石头或其他重物压挤，也有吊干的，使其自行滤去水分，一般称为“吊浆法”。压挤到 500 g 粉中约含水 150 g，即已压好。要注意粉袋出粉后，必须立刻洗净、晒干，防止糊没了布眼而导致无法继续使用。

二、米粉面坯的概念与特点

1. 米粉面坯的概念

米粉面坯一般特指用米粉与水混合制成的面坯。米粉面坯按原料分为籼米粉面坯、粳米粉面坯、糯米粉面坯和混合米粉面坯，按面坯的性质分为米糕类面坯、米粉类面坯和米浆类面坯。

2. 米粉面坯的特点

（1）米糕类面坯

米糕类面坯根据工艺不同又分为松质糕和黏质糕。松质糕具有多孔，无弹性、韧性，可塑性差，口感松软，成品大多有甜味的特性，如四色方糕、白米糕。而黏质糕具有黏、韧、软、糯，成品多为甜味的特性，如青团、猪油年糕、鸽蛋圆子。

（2）米粉类面坯

米粉类面坯有一定的韧性和可塑性，可包多卤的馅，口感润滑、黏糯，如家乡咸水角、各式汤圆。

（3）米浆类面坯

米浆类面坯体积稍大，有细小的蜂窝，口感黏软适口，如定胜糕、百果年糕。

三、米粉面坯的掺粉方法

为了提高米粉制品的质量，扩大粉料的用途，便于制作，使制品软硬适中，需要将不同种类的米粉或将米粉与面粉掺和在一起，使其在软、硬、黏、糯等性质上达到制品的质量要求。糯米的黏性大，硬度低，制成品口感黏糯，成熟后容易坍塌；籼米黏性小，硬度大，制成品口感硬实。通常掺粉方法有如下几种。

1. 糯米粉与面粉掺和

将糯米粉、面粉按一定的比例掺和，用水调制成团。也可在磨粉前，将各种米按成品要求以一定的比例混合，再磨制成粉与面粉混合。这种掺粉方法制成的成品不易变形，能增加筋力、韧性，有黏润感和软糯感，可制作油糕、苏式麻球等。

2. 糯米粉与粳米粉掺和

根据制品质量的要求，将糯米（占 60%~80%）与粳米（占 20%~40%）按一定比例混合，称为“镶粉”，加水调制成团。这种掺粉方法可根据制品的工艺要求配成“五五镶粉”“四六镶粉”或“三七镶粉”。使用镶粉制成的成品软糯、润滑，可用于汤团、凉团、松糕等品种的制作。

3. 米粉与杂粮掺和

米粉可与澄粉、豆粉、红薯粉、小米粉等直接掺和，也可与土豆泥、胡萝卜泥、豌豆泥、山药泥、芋头泥等蔬果杂粮混合制成面坯。这种面坯制成的成品具有杂粮的天然色泽和香味，且口感软糯适口。

培训单元 2　生粉团面坯调制

培训重点

1. 生粉团面坯调制的方法。
2. 生粉团面坯调制的关键。

知识要求

一、生粉团面坯调制的方法

生粉团面坯调制的基本工序是先成形后成熟。其特点是可包多卤的馅心，皮薄、馅多，黏、糯，口感润滑。生粉团面坯调制方法有泡心法和煮芡法两种。

1. 泡心法

泡心法是指用沸水将部分米粉烫熟，使淀粉糊化而产生黏性，再加冷水与其余米粉揉和成团的和面方法。由于米粉不含面筋蛋白质而缺少韧性，因此必须以沸水冲粉，利用沸水将部分米粉烫熟，让其起黏性。

泡心法的操作是：将米粉按比例掺和，倒入盆中，中间开窝，冲入适量的沸水，将中间的米粉烫熟，俗称熟粉心子，再用冷水将四周的干粉与熟粉心子一起揉和，手蘸冷水反复揉到软滑不粘手即成。

2. 煮芡法

煮芡法是指先将部分米粉和成团，下沸水锅煮熟，再与其余米粉搓擦成坯的和面方法。煮芡法常常用于湿磨粉调制成坯，因湿磨粉含水量较多，不宜再冲入大量水拌粉。

煮芡法的操作方法是：先将 1/3 的水磨粉掺入凉水揉和，调制成粉团，搓成条状或按成饼状待用；锅洗净，倒入清水烧开，将条状或饼状米粉面坯投入沸水中煮成熟芡；将熟芡与余下 2/3 粉料搓擦揉和成光滑、不粘手的面坯。

二、生粉团面坯调制的注意事项

1. 泡心法的注意事项

（1）沸水冲入在前，冷水掺入在后，不可颠倒。

（2）沸水的掺入量要准确。如果沸水过多，那么面坯粘手，难以成形；如果沸水过少，那么成品易裂口，影响质量。

2. 煮芡法的注意事项

（1）熟芡制作，必须等水沸后才可投入米粉面坯，否则容易沉底散破。

（2）第二次水沸时须加适量凉水，抑制水的沸滚。

技能要求

技能1　泡心法调制生粉团面坯

一、操作准备

1. 原料

主要原料及用量见表5–1。

表5–1　主要原料及用量　　g

原料	用量
糯米粉	300
粳米粉	100
沸水	125
冷水	200

2. 设备和器具

案台、炉灶、案板、锅、台秤、擀面杖、盆。

二、操作步骤

步骤1　下粉

按比例将糯米粉和粳米粉掺和在盆中。

步骤 2　调制

在米粉中间开窝，冲入沸水 125 g，用擀面杖搅拌，将中间的米粉烫成熟粉心子，再倒入 150 g 冷水，用手将四周的干粉与熟粉心子一起揉和。

步骤 3　成坯

手蘸剩余 50 g 冷水，将面反复揉到软滑不粘手即成。

泡心法调制生粉团面坯操作步骤如图 5-1 所示。

a)　b)　c)　d)

图 5-1　泡心法调制生粉团面坯操作步骤

a）下粉　b）烫粉　c）加冷水　d）成团

三、操作要点

1. 沸水冲入在前，冷水掺入在后，程序不可颠倒。

2. 沸水掺入量要准确。如果沸水过多，那么面坯粘手，难以成形；如果沸水过少，那么成品易裂口，影响质量。

四、质量要求

生粉团面坯软硬适中，不裂口，不粘手。

技能 2 煮芡法调制生粉团面坯

一、操作准备

1. 原料

主要原料及用量见表 5-2。

表 5-2 主要原料及用量 g

原料	用量
糯米粉	500
沸水	125
冷水	200

2. 设备与器具

案台、炉灶、案板、锅、台秤、手勺、盆。

二、操作步骤

步骤 1 备芡

取糯米粉 150 g 用冷水和成团，用手搓成细长条状。

步骤 2 煮芡

将条状米粉面坯投入沸水中煮成半透明状，即为熟芡，如图 5-2 所示。

a) b)

图 5-2 煮芡

a）沸水下锅 b）半透明状

步骤 3　搓擦成坯

将其余 350 g 米粉置于案台上，将熟芡与米粉揉和搓擦成光滑、不粘手的生粉团面坯。

三、操作要点

1. 根据天气、粉质准确掌握用芡量。如果天气热，粉质湿，用芡量应少；如果天气凉，粉质干，用芡量应增加。如果用芡量少，成品易干裂；如果用芡量多，易粘手，影响操作。

2. 煮芡必须沸水下锅，用手勺轻轻搅动，使之漂于水面 3 ~ 5 min，否则易沉底粘锅。

四、质量要求

生粉团面坯光滑，不粘手。

技能 3　生粉团面坯调制——咸水角面坯

一、操作准备

1. 原料

主要原料及用量见表 5–3。

表 5–3　主要原料及用量　g

原料	用量	原料	用量	原料	用量
糯米粉	350	沸水	150	枧水	10
冷水	250	砂糖	100		
澄面	100	猪油	100		

2. 设备与器具

炉灶、煸锅、案板、台秤、面盆、手勺、馅挑。

二、操作步骤

步骤 1　调糯米面坯

将糯米粉加入冷水中，和成糯米面坯。

步骤 2　烫澄面

将澄面倒入盆中，加入沸水搅匀，趁热和成烫面坯。

步骤 3 和咸水角面坯

将砂糖、猪油趁热加入烫面坯中和匀搓化，最后加入糯米面坯、枧水和匀搓匀，成为咸水角面坯。

咸水角面坯制作步骤如图 5–3 所示。

a)

b)

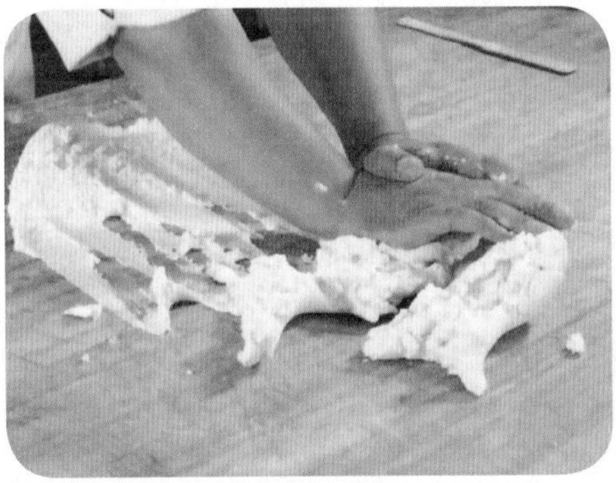

c)

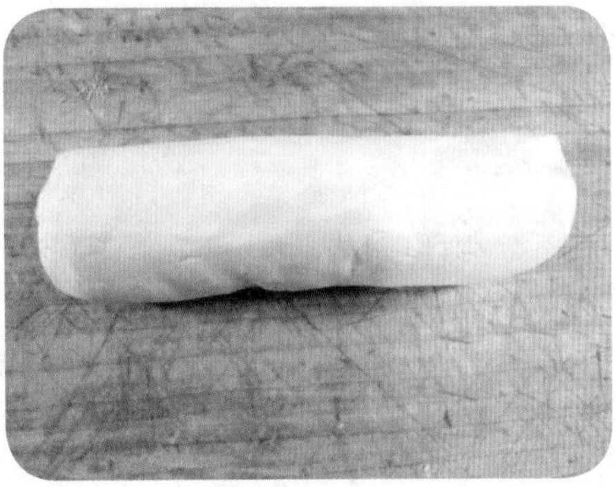

d)

图 5–3 咸水角面坯制作步骤

a）准备咸水角面坯原料 b）烫面 c）搓匀 d）咸水角面坯成品

三、操作要点

1. 砂糖必须搓化，否则面坯中有砂糖粒，面皮炸后有黑点。

2. 加水量要合适，否则糯米面坯过硬或过软，不易操作。

四、质量要求

面坯柔软、光滑、不松、不散。

培训单元 3　熟粉团面坯调制

培训重点

1. 熟粉团面坯调制的方法。
2. 熟粉团面坯调制的关键。

知识要求

一、熟粉团面坯调制的方法

熟粉团面坯调制的基本工序是先成熟后成形。成品具有黏、韧、软、糯的特点。熟粉团面坯大多为甜味或甜馅。

具体方法是用糯米粉、粳米粉按成品要求掺和成粉料，加入冷水拌粉，蒸熟，倒出揉和（或在搅拌机内搅均匀）成团块面坯。熟粉团可制成各种团类制品。

二、熟粉团面坯调制的注意事项

1. 配料要准确。
2. 水量要适当。
3. 面坯熟制火候要控制好。

技能要求

技能 1　熟粉团面坯调制——腊味萝卜糕面坯

一、操作准备

1. 原料

主要原料及用量见表 5–4。

表 5-4 主要原料及用量 g

原料	用量	原料	用量	原料	用量
黏米粉	900	腊肉	80	盐	50
生粉	80	水发冬菇	80	味精	50
澄面	150	海米	80	糖	50
白萝卜	1800	猪油	300	胡椒粉	5
腊肠	80	香油	30	清水	3 600

2. 设备与器具

煸锅、台秤、盆、抽子。

二、操作步骤

步骤 1 备料

将白萝卜去皮、切丝、焯水，待用；腊肠、腊肉、水发冬菇切小粒，海米泡软后切碎，全部焯水备用。

步骤 2 开浆

将黏米粉、生粉、澄面、盐、味精、糖、胡椒粉、香油倒入盆内，慢慢加入清水 1 800 g，用抽子搅匀，加入白萝卜丝，拌匀成粉浆备用。

步骤 3 和面

另起煸锅，放少许油，将腊肠、腊肉、水发冬菇、海米炒香，加入清水 1 800 g、猪油 300 g，烧开后倒入粉浆，用抽子迅速搅匀成稀糊状生浆。

腊味萝卜糕面坯调制步骤如图 5-4 所示。

a)

b)

c)

图 5-4　腊味萝卜糕面坯调制步骤

a）腊味萝卜糕原料　b）腊味萝卜糕粉浆　c）腊味萝卜糕面坯

三、操作要点

1. 萝卜丝要焯透。
2. 腊肠、腊肉要焯透，否则成品有异味。
3. 粉浆要开匀，否则蒸熟后糕内有粉块。
4. 和面时水要烧沸，否则面坯不呈糊状。

四、质量要求

色白，呈糊状，无粉粒。

技能 2　熟粉团面坯调制——双酿团面坯

一、操作准备

1. 原料

主要原料及用量见表 5-5。

表 5-5　主要原料及用量　g

原料	用量
水磨糯米粉	180
水磨粳米粉	120
清水	200

2. 设备与器具

案台、台秤、罗、盆。

二、操作步骤

步骤 1 筛粉

将糯米粉、粳米粉分别过罗，倒入盆中混合。

步骤 2 和面

加入冷水 200 g，拌和成米粉面坯。

双酿团面坯调制步骤如图 5–5 所示。

a) b)

图 5–5 双酿团面坯调制步骤

a）粉料加水 b）和成面团

三、操作要点

1. 用水量要准确。

2. 冷水和面要拌透。

四、质量要求

白色，团状，无黏性、韧性、延展性。

培训项目 2 生粉团生坯成形与熟制

培训单元 1 生粉团生坯成形

培训重点

1. 生粉团生坯成形的方法。
2. 生粉团生坯成形的注意事项。

技能要求

技能 1 生粉团生坯成形——咸水角成形

一、操作准备

1. 原料

主要原料及用量见表 5–6。

表 5–6 主要原料及用量 g

原料	用量	原料	用量	原料	用量
咸水角面坯	250	叉烧肉	10	韭菜	5
半肥瘦肉	60	湿冬菇	10	植物油	20
海米	10	冬笋	10	盐	2

续表

原料	用量	原料	用量	原料	用量
糖	3	胡椒粉	0.2	生粉	6
老抽	2	绍酒	2		
香油	1	五香粉	1		

2. 设备与器具

案板、炉灶、煸锅、手勺、笊篱、馅挑、平盘、不锈钢长方盘等。

二、操作步骤

步骤 1　制馅

韭菜、湿冬菇、冬笋、叉烧肉切粒待用。半肥瘦肉切成小粒，上生粉稍抓透。海米泡水，回软后洗净滤去水分，切碎。煸锅上火烧热，放入植物油，将肉粒过油后捞出，再下入海米炒香后出锅。煸锅继续上火烧热，将肉粒、海米、冬笋粒、湿冬菇粒、叉烧肉粒下入锅中大火炒香，下绍酒，再加入盐、糖、老抽、胡椒粉，稍加清水炒匀。用湿生粉勾芡后出锅，放入平盘中。待稍冷后加入碎韭菜粒、五香粉、香油，拌匀即成咸水角馅。

步骤 2　面坯下剂

将面坯搓成长条，下剂子 10 个。

步骤 3　制皮

将剂子按扁，用手将面剂捏成碗状薄皮。

步骤 4　上馅

每个皮包 15 g 馅心。

步骤 5　成形

对齐双边并捏紧，成为咸水角生坯。

咸水角成形操作步骤如图 5-6 所示。

a)

b)

c）

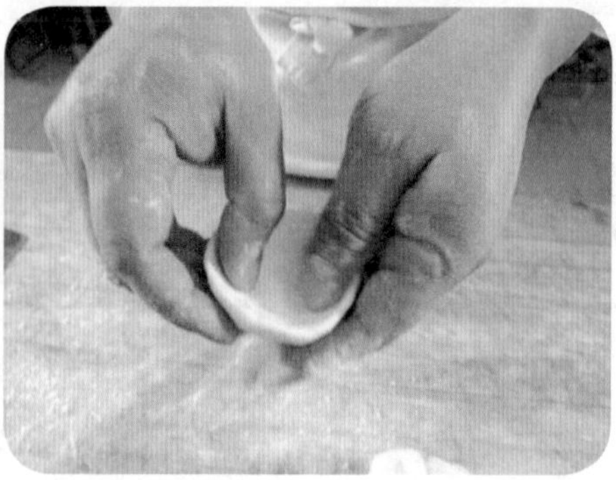

d）

e）

f）

图 5-6　咸水角成形操作步骤

a）咸水角馅原料　b）咸水角馅　c）下剂　d）捏皮　e）上馅　f）包捏

三、操作要点

1. 炒馅时清水不能加太多，否则馅心太稀，不易包捏。

2. 用湿生粉勾芡后要炒匀炒熟，否则馅心容易化水。

3. 咸水角不要太圆或太长。

4. 收口要严，不要有裂口。

四、质量要求

咸水角呈橄榄形。

技能 2　生粉团生坯成形——粢毛团成形

一、操作准备

1. 原料

主要原料及用量见表 5-7。

表 5–7　主要原料及用量　g

原料	用量	原料	用量	原料	用量
细糯米粉	225	沸水	125	鲜肉馅	200
细粳米粉	150	冷水	60	糯米	125

2. 设备与器具

案板、炉灶、炒锅、台秤、手勺、擀面杖、盆。

二、操作步骤

步骤 1　下粉

将细糯米粉、细粳米粉混合在一起，放入盆中。

步骤 2　调制生粉团

将沸水倒入混合粉中调制，再加入冷水揉成生粉团。

步骤 3　制生坯

将生粉团搓条、下剂、上馅，成生坯。

步骤 4　滚粘糯米

将糯米淘净，用清水浸泡 24 h，捞出沥干水分，将包馅的粢毛团生坯滚粘上糯米。

粢毛团成形操作步骤如图 5–7 所示。

三、操作要点

1. 粉团要揉匀醒透，揉至表面光滑不粘手为宜。

2. 制作的生坯外形要美观。

四、质量要求

大小一致，表面糯米滚粘均匀。

a)　　b)

c)

d)

e)

图 5–7　粢毛团成形操作步骤

a）准备粢毛团原料　b）调制生粉团　c）生粉团成形
d）上馅　e）滚粘糯米

培训单元 2　生粉团生坯熟制

培训重点

1. 生粉团生坯熟制的方法。
2. 生粉团生坯熟制的注意事项。

技能要求

技能1 生粉团生坯熟制——咸水角熟制

一、操作准备

1. 原料

主要原料及用量见表5-8。

表5-8 主要原料及用量

原料	用量
咸水角生坯	10个
植物油	1 500 g

2. 设备与器具

煸锅、笊篱、手勺。

二、操作步骤

步骤1 热油

将煸锅上火，倒入植物油，加热至150 ℃左右关火。

步骤2 生坯下入油锅

将咸水角生坯沿锅边下入油锅内，用手勺轻轻推动油面使其流动，保证生坯不沉底。

步骤3 炸制

当生坯浮上油面后，开大火用手勺搅动，炸成金黄色。

步骤4 出锅

用笊篱将金黄色咸水角捞出，控净油即可。

步骤5 装盘

将炸制好的咸水角装盘。

炸制咸水角操作步骤如图5-8所示。

三、操作要点

炸制咸水角时，要掌握好油温。如果油温过低，会使生坯粘在一起；如果油温

a)　　b)

c)　　d)

图 5-8　炸制咸水角操作步骤

a）生坯下锅　b）推动热油　c）炸至金黄　d）咸水角成品

过高，会使生坯表皮硬而不脆。

四、质量要求

色泽金黄，咸鲜适口，皮脆里嫩，造型美观。

技能 2　生粉团生坯熟制——粢毛团熟制

一、操作准备

1. 原料

粢毛团生坯 10 个。

2. 设备与器具

蒸箱、蒸笼、垫纸。

二、操作步骤

步骤 1　加热

蒸箱点火，加气。

步骤 2　装笼

蒸笼刷油或垫上垫纸。将粢毛团生坯均匀摆放在蒸笼内，不要排得过紧。

步骤 3　蒸制

当蒸箱内充满蒸汽时，将装有粢毛团生坯的蒸笼放进蒸箱内。

步骤 4　出笼

蒸 10 min 左右即可出笼。

步骤 5　装盘

将蒸制好的粢毛团装盘。

蒸制粢毛团操作步骤如图 5–9 所示。

a)　b)　c)　d)

图 5–9　蒸制粢毛团操作步骤

a）准备粢毛团生坯　b）装笼　c）蒸制　d）粢毛团成品

三、操作要点

必须等蒸箱充满蒸汽后方可将生坯放入。

四、质量要求

色泽透明，软糯适口，造型美观。

培训项目 3 熟粉团生坯熟制与成形

培训单元 1 熟粉团生坯熟制

培训重点

1. 熟粉团生坯熟制的工艺。
2. 熟粉团生坯熟制的注意事项。

技能要求

技能 1 熟粉团生坯熟制——腊味萝卜糕面坯熟制

一、操作准备

1. 原料

腊味萝卜糕面坯、植物油。

2. 设备与器具

炉灶、蒸锅、不锈钢长方盘、保鲜膜。

二、操作步骤

步骤 1 准备

在不锈钢长方盘表面刷植物油，铺上一层保鲜膜，将腊味萝卜糕面坯倒入盘内，上面再盖一层保鲜膜。

步骤 2　成熟

蒸锅预热，将水烧开，再将腊味萝卜糕面坯上蒸锅，旺火蒸 40 min。

步骤 3　冷却

取出蒸熟的腊味萝卜糕，去掉上面的保鲜膜，在糕面上刷一层植物油，冷却后放入冰箱，即成腊味萝卜糕熟坯，如图 5–10 所示。

图 5–10　腊味萝卜糕熟坯

三、操作要点

1. 表面要封保鲜膜，否则蒸熟后糕面不平整。

2. 蒸制时间要根据盛器的大小、深浅确定，一般盛器越深，蒸制时间越长。

3. 腊味萝卜糕熟坯必须冷却，否则易碎，不成块。

四、质量要求

糕体色白、平整、坚实。

技能 2　熟粉团生坯熟制——双酿团面坯熟制

一、操作准备

1. 原料

双酿团面坯、植物油。

2. 设备与器具

案台、炉灶、蒸锅、油刷、保鲜膜。

二、操作步骤

步骤 1 箅子刷油

将蒸锅箅子立放，用油刷蘸植物油在箅子表面均匀刷油。

步骤 2 熟制

将双酿团面坯平铺在箅子上，用旺火蒸熟。

步骤 3 揉搓

将蒸熟的面坯放在案板上，稍晾凉后，揉至光滑，表面盖保鲜膜，防止风干结皮。

双酿团面坯熟制操作步骤如图 5-11 所示。

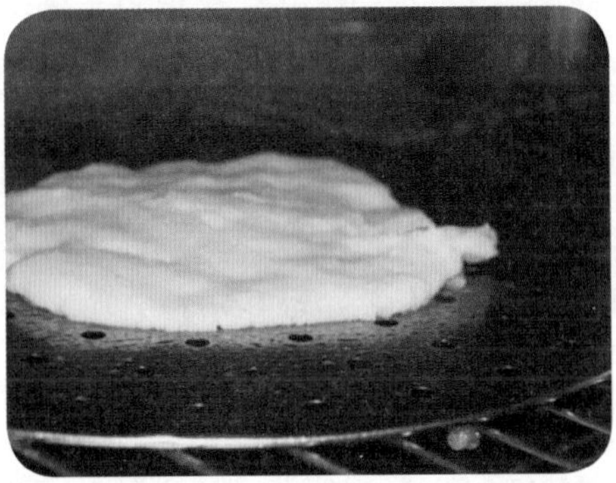

a)

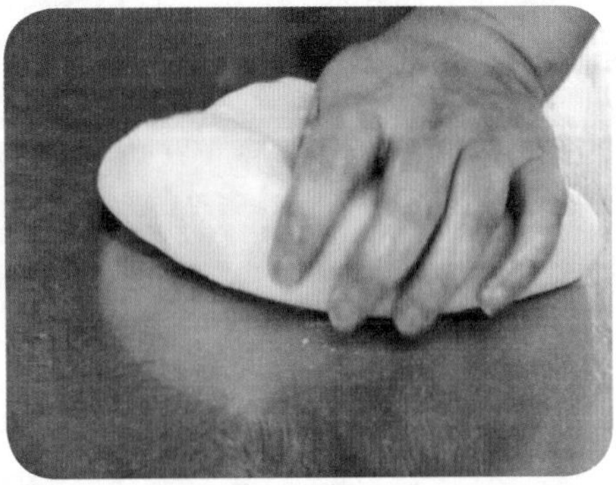

b)

图 5-11 双酿团面坯熟制操作步骤

a）蒸熟 b）揉搓

三、操作要点

1. 给箅子上油时要刷均匀。
2. 蒸过的面坯要揉匀醒透，揉至表面光滑不粘手为宜。
3. 揉制的过程中要抹油，以防粘手。

四、质量要求

面坯微透明，手感柔软。

培训单元 2　熟粉团成形

培训重点

1. 熟粉团成形的方法。
2. 熟粉团成形的注意事项。

技能要求

技能 1　熟粉团制品成形——腊味萝卜糕成形

一、操作准备

1. 原料

腊味萝卜糕熟坯、植物油。

2. 设备与器具

煸锅、平铲、刀。

二、操作步骤

步骤 1　成形

从冰箱中取出腊味萝卜糕熟坯，用刀切成长方块。

步骤 2　煎制

煸锅上火加热，倒少量油，将切好的腊味萝卜糕放入热锅中煎制，待萝卜糕两面金黄焦脆时出锅。

步骤 3　装盘

将煎好的腊味萝卜糕装盘。

腊味萝卜糕成形操作步骤如图 5–12 所示。

a)

b)

c)

图 5–12 腊味萝卜糕成形操作步骤

a）切块 b）煎制 c）腊味萝卜糕成品

三、操作要点

切长方块时避免粘刀。

四、质量要求

咸鲜适口，清淡软滑，内外洁白。

技能 2 熟粉团制品成形——双酿团成形

一、操作准备

1. 原料

双酿团熟面坯、豆沙馅、熟芝麻蓉馅。

2. 设备与器具

案台、擀面杖、盆、保鲜膜。

二、操作步骤

步骤 1　揉匀面坯

将面坯揉匀、揉透。

步骤 2　下剂

将面坯分成 50 g/ 个的剂子。

步骤 3　成形

将剂子按扁成皮，每张皮包入豆沙馅 15 g，捏拢口，呈球状；再捏扁成皮，包入熟芝麻蓉馅 15 g，收口。

双酿团成形操作步骤如图 5-13 所示。

三、操作要点

1. 面坯要揉至表面光滑不粘手为宜。

2. 第一次包馅时面皮要留有一定的厚度，以确保第二次包馅时面皮不破。

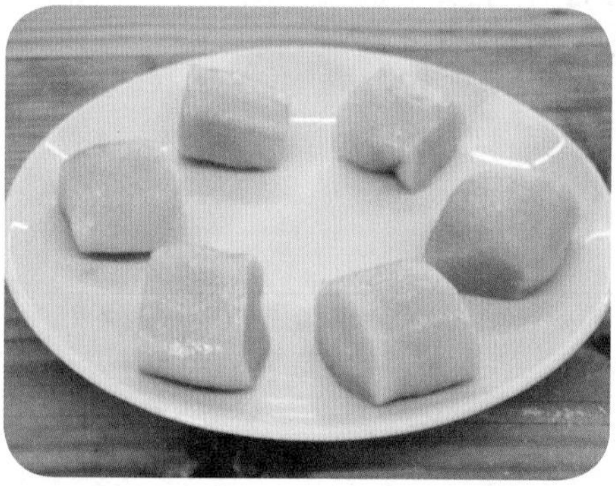

a)

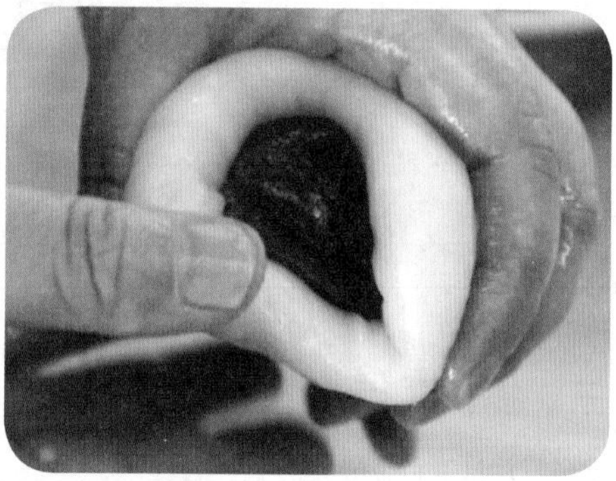

b)

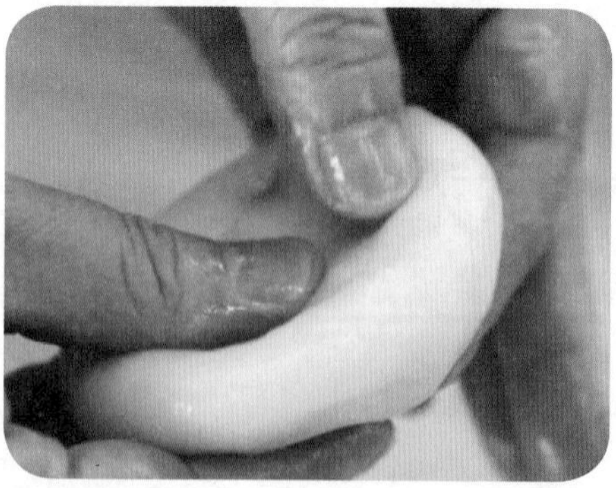

c)

d)

e)

图 5-13 双酿团成形操作步骤

a）准备剂子 b）包豆沙馅 c）捏扁 d）包熟芝麻蓉馅 e）双酿团成品

四、质量要求

口感软糯，两种馅心搭配适宜，香甜可口。

培训模块 六
杂粮品种制作

内容结构图

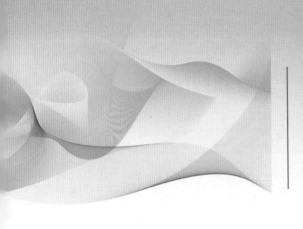

- 杂粮品种制作
  - 面坯调制
    - 莜麦面坯调制
    - 荞麦面坯调制
    - 蔬果面坯调制
  - 面坯成形
    - 莜麦面坯成形
    - 荞麦面生坯成形
    - 蔬果面生坯成形
  - 产品成熟
    - 莜麦面坯面点熟制
    - 荞麦面坯面点熟制
    - 蔬果面坯面点熟制

培训项目 1　面坯调制

培训单元 1　莜麦面坯调制

培训重点

1. 莜麦的种类与莜麦面坯的特点。
2. 莜麦面食的加工现状。
3. 莜麦面烫熟的方法。

知识要求

一、莜麦的种类与特点

莜麦是禾本科燕麦属的一个亚种，是一年生草本植物，我国华北地区称为“莜麦”“油麦”，西北地区称为“玉麦”，东北地区则称为“铃铛麦”。我国莜麦的种植区域主要分布在内蒙古阴山南北，河北的坝上、燕山地区，山西的太行、吕梁山区及西南大小凉山高山地带，山西、内蒙古一带食用较多。

1. 莜麦的种类

莜麦按播种季节分为夏莜麦和秋莜麦两种。夏莜麦色淡白，小满播种，生长期 130 天左右；秋莜麦色淡黄，夏至播种，生长期 160 天左右。两种莜麦的籽粒都无硬壳保护，质软皮薄。

2. 莜麦面坯的特点

莜麦面与沸水调制的面坯称为莜麦面坯。莜麦面除了可单独制作面食外，还可与面粉等混合制作糕点。

莜麦富含蛋白质，在禾谷类作物中蛋白质含量最高，但是面筋蛋白质含量少，所以面坯几乎无弹性、韧性和延展性。莜麦淀粉分子比大米和面粉小，虽然易消化吸收，但莜麦面黏度低，可塑性差，不易成形，成形中容易断裂，所以莜麦面坯的成形方法较为单一，大多采用手工“搓”或机器“轧”的成形方法。莜麦面坯的成形方法如图 6–1 所示。

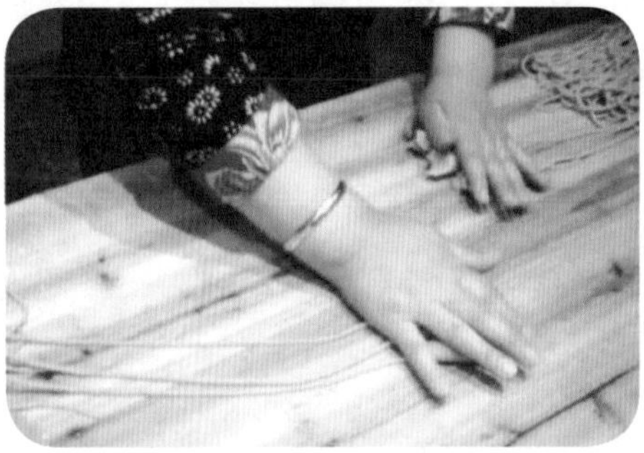

a）

b）

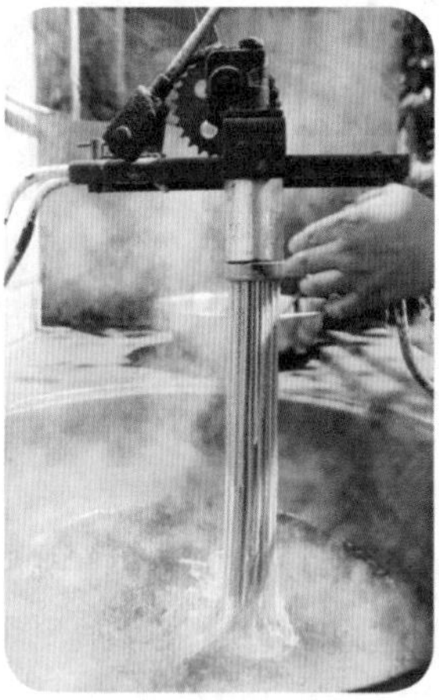

c）

图 6–1　莜麦面坯的成形方法

a）搓莜麦面条　b）搓莜麦栲栳　c）轧莜麦饸饹

二、莜麦面食的加工

莜麦生长期短，要求积温少，并具有抗旱、耐寒、耐贫瘠的特点。因此莜麦在高寒地区的粮食生产中占有重要地位。

传统莜麦面食的熟制可蒸、可煮，大多做成栲栳、窝窝、鱼鱼、烙饼、囤囤、猫耳朵等面食，且一年四季吃法不同。初春大多将腌酸菜切碎同猪肉、粉条、山药、豆腐等烩成臊子，再将莜麦面鱼鱼、窝窝、栲栳放进臊子碗内，与油辣椒一起拌着吃；夏季将莜麦面鱼鱼、窝窝、栲栳与黄瓜片、水萝卜丝、韭菜末、蒜末、香菜段一起冷调吃；秋季冷调、热调莜麦面都可；而冬季讲究将莜麦面鱼鱼、窝窝、栲栳蘸着土豆羊肉汤，配着油炸辣椒末吃。

传统的莜麦面食制作必须经过“三熟”，即制成面粉前要炒熟，成形前要烫熟，食用前要蒸熟。

1. 炒熟

由于莜麦的籽粒无硬壳保护，质软皮薄，难以像小麦、大米等粮食作物一样直接磨制成粉，因此莜麦加工成粉前必须炒熟。即先将莜麦用清水淘洗干净，晾干水分，再下锅煸炒，待冒出热气后，再炒至变硬出锅。此时才可上磨加工成粉。

2. 烫熟

由于莜麦面筋含量极少，面坯几乎无弹性、韧性和延展性，且莜麦面黏度低，成形差，易碎，因此在和面时，必须将面坯烫熟。即将莜麦面置于面盆内，一边加沸水一边用擀面杖搅拌。刚烫熟的莜麦面坯温度较高，应在手上蘸点凉开水将面揉透揉均匀，此时面坯才可根据需要成形。烫熟的莜麦面坯，其表面极易风干结皮，影响进一步成形和成品的口感，所以烫熟的面坯晾凉后要用保鲜膜封起来，以保证面坯柔软。

3. 蒸熟

将成形的莜麦面坯置于蒸笼中，必须蒸制成熟方可食用。判断面坯是否成熟一般以能否闻到莜麦面香味为标准。

随着现代营养科学的发展，人们将莜麦与面粉混合（多数配方中，莜麦占 40%，面粉占 60%），制作出莜麦面包、莜麦馒头、莜麦蛋糕等；随着食品工业的发展，也加工生产出莜麦炒面、莜麦糊糊、莜麦麦片、莜麦方便面等方便食品。

技能要求

技能1　制作莜麦糅糅面坯

一、操作准备

1. 原料

主要原料及用量见表6–1。

表6–1　主要原料及用量　　g

原料	用量	原料	用量
莜麦面	500	凉开水	300
沸水	500		

2. 设备与器具

案台、炉灶、锅、案板、台秤、轧面机、不锈钢盆、擀面杖、保鲜膜、蒸箱、蒸屉、纱布。

二、操作步骤

步骤1　烫面

将500 g莜麦面倒入不锈钢盆中，将沸水慢慢倒入面中，边倒边搅，搅拌均匀。

步骤2　揉面

用手蘸凉开水，采用搓和揉的手法，趁热将面坯揉透，晾凉后盖上湿布静置。

步骤3　轧面

将揉好的面坯用轧面机轧成厚0.5 cm的片。

步骤4　蒸面

将面片平铺在蒸屉上并用保鲜膜密封，蒸屉放进蒸箱，大火足气蒸制30 min至面坯表面不粘手后取出，晾凉即可。

莜麦糅糅面坯制作如图6–2所示。

三、操作要点

1. 烫莜麦面时要用沸水烫透，否则面坯黏性差，不易成形。

2. 揉面时要蘸凉开水揉透，否则成品粘牙。

a)

b)

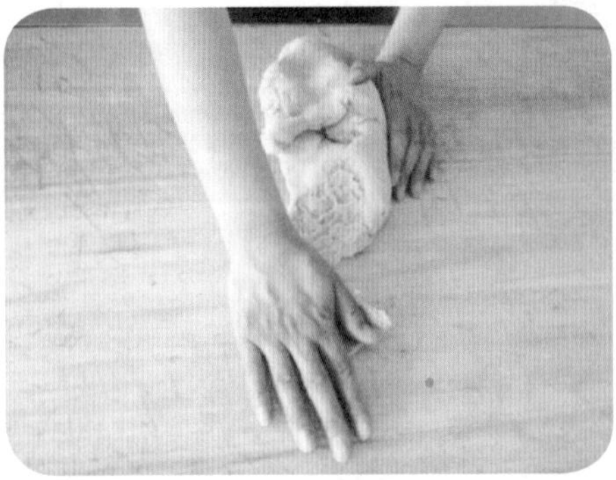

c)

d)

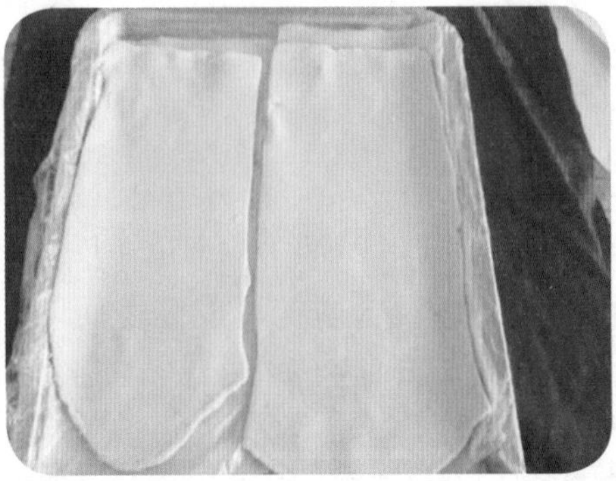

e)

图 6–2　莜麦糅糅面坯制作

a）准备莜麦糅糅面坯原料　b）烫面　c）揉面　d）轧面　e）蒸熟

3. 莜麦糅糅面坯调制好后要盖上湿布，否则面坯表面会出现硬皮。

4. 蒸制面片时，热蒸汽一定要足，否则面片夹生，不易消化。

5. 蒸制的时间要够，否则成品不筋道。

6. 保存糅糅时要用纱布盖上，否则糅糅会变硬或粘连。

四、质量要求

面坯均匀，不夹生，质地软韧。

技能 2　制作莜麦可可饼干面坯

一、操作准备

1. 原料

主要原料及用量见表 6–2。

表 6–2　主要原料及用量　g

原料	用量	原料	用量
莜麦面	200	可可粉	10
黄油	150	鸡蛋	50
细砂糖	45		

2. 设备与器具

电子秤、面盆、蛋抽子。

二、操作步骤

步骤 1　配料

按照配方称量各原料。

步骤 2　和面

将细砂糖、黄油放入盆中混合，用抽子搅拌至均匀，分次加入鸡蛋液，搅拌至呈乳膏状，掺入莜麦面、可可粉混合搅拌，成莜麦面坯。

莜麦可可饼干面坯制作如图 6–3 所示。

a)　　b)

c)

图 6-3 莜麦可可饼干面坯制作

a）准备原料 b）掺粉 c）莜麦可可饼干面坯

三、操作要点

1. 严格按顺序投料，和面时要搅拌至原料完全乳化，否则影响成品胀发度。

2. 搅拌速度要控制好。

四、质量要求

面坯软硬适中，不稀不硬，可可粉分布均匀。

培训单元 2 荞麦面坯调制

培训重点

1. 荞麦的种类和特点。
2. 荞麦面食的加工现状。
3. 荞麦面坯的调制方法。

知识要求

一、荞麦的种类与特点

荞麦古称乌麦、花麦、花荞、三角麦，属一年生草本植物。籽粒呈三角形，以籽粒供食用。荞麦主产区在我国西北、东北、华北、西南的高寒山区，四川凉山彝族自治州是苦荞麦的起源地和主要产区之一。

1. 荞麦的种类

荞麦的种类较多，主要有甜荞、苦荞、金荞、齿翅野荞四种，我国主产甜荞和苦荞。

（1）甜荞

甜荞又称普通荞麦，是荞麦中品质较好的品种，其色泽暗白，基本无苦味。

（2）苦荞

苦荞又称野荞麦、鞑靼荞、万年荞、野南荞，其籽粒壳厚，果实略苦，色泽泛黄。

（3）金荞

金荞的皮易爆裂而成荞麦米，故又称米荞。

（4）齿翅野荞

齿翅野荞又称翅荞，品质较差。

2. 荞麦的特点

荞麦适应性很强，在新垦地和瘠薄地上都能良好生长。荞麦喜凉爽湿润，多生长在高寒山区，7～8 ℃时即可发芽，春、夏、秋三季均可播种。荞麦不耐高温，畏霜冻，生长期一般为 60 天。荞麦在长日照和短日照条件下均能生长结实，荞麦适合在气候寒冷或土壤贫瘠的地方栽培。

荞麦蛋白质的组成与小麦不同，小麦主要是醇溶蛋白（34%）和谷蛋白（37.5%），面筋含量高；而荞麦蛋白质的构成是高水平的清蛋白（37%）和球蛋白（14%），低水平的醇溶蛋白（2.0%）和谷蛋白（25%），面筋含量低。荞麦蛋白质的特性使其加工特性较差。荞麦中所含的淀粉在不同地区和不同品种之间有一定差异，一般含量在 70% 左右，其中直链淀粉占淀粉总量的 33%～44%，且所含淀粉直径比普通淀粉小很多，多属软质淀粉。这一特征使荞麦食品具有易成熟、易消化吸收的特点。

为保证荞麦的品质，储藏时其水分含量保持在 12% ~ 13% 为宜。

3. 荞麦面坯的概念

荞麦面与沸水调制的面坯称为荞麦面坯。荞麦面坯色泽灰暗，味略苦，几乎没有弹性和延展性，因而荞麦面坯的包捏性较差，成品色泽、口味也欠佳。面点工艺实践中荞麦面除了单独制作面食外，还常与面粉等混用制作面食。

二、荞麦面食的加工现状

荞麦是我国主要杂粮之一，传统荞麦面食花样繁多。如荞麦籽粒可做荞麦粥、荞麦米饭；荞麦面可做荞麦面条、荞麦鱼鱼、荞麦剔尖、荞麦烙饼、荞麦凉粉等面食；荞麦面还可以与面粉等混合，制作荞麦面包、荞麦饼干、荞麦月饼、荞麦酥点等。随着现代食品工业的发展，人们还以荞麦为原料，制成荞麦啤酒、荞麦酱油、荞麦醋、荞麦挂面、荞麦酸奶等。

三、荞麦面坯基本工艺

荞麦面坯是以荞麦面（多为甜荞或苦荞）为原料，先与面粉混合，再掺入其他辅助原料（水、糖、油、蛋、乳等）制成的面坯。由于荞麦面无弹性、韧性、延伸性，因此一般要配合面粉一起使用。荞麦面坯制作的点心，成品色泽较暗，具有荞麦特有的味道。

由于荞麦的色泽较为灰暗、口感欠佳且几乎不含面筋蛋白质，因此用荞麦面制作面食时，需要注意矫色、矫味和选择适当的工艺方法。

四、荞麦面坯工艺要领

1. 根据产品特点适当添加可可粉、吉士粉等增香原料，有利于改善产品颜色，增加香气。

2. 若制作生化膨松面坯，需要与面粉配合使用。面粉与荞麦面的比例以 7 : 3 为最佳。

技能要求

技能 1　制作荞麦鱼鱼面坯

一、操作准备

1. 原料

主要原料及用量见表 6–3。

表 6–3　主要原料及用量　g

原料	用量	原料	用量	原料	用量
荞麦面	250	面粉	250	温水（60 ℃）	200

2. 设备与器具

面案、台秤、面盆。

二、操作步骤

步骤 1　和面

将面粉、荞麦面放在盆内抄拌均匀，慢慢加入温水，调制成较硬的面坯。

步骤 2　揉面

将和好的面揉至均匀滋润，盖上湿布静醒。待面坯回软后再次揉制、静醒，如此反复三次。

步骤 3　成团

待面坯回软即可。

荞麦鱼鱼面坯制作如图 6–4 所示。

a)

b)

c)

图 6-4 荞麦鱼鱼面坯制作

a）准备原料 b）调制面坯 c）荞麦鱼鱼面坯

三、操作要点

1. 由于荞麦不易吸水，筋性很差，因此面坯和好后要经过三揉三醒，否则面坯不光滑，成品口感不爽滑。

2. 荞麦面持水性差，所以在成形前要再次揉制，否则面坯不光滑，不易成形。

四、质量要求

面坯光滑柔软。

技能 2 制作荞麦曲奇面坯

一、操作准备

1. 原料

主要原料及用量见表 6-4。

表 6-4 主要原料及用量 g

原料	用量	原料	用量	原料	用量
苦荞面	200	白糖	45	鸡蛋	50
黄油	150	吉士粉	20		

2. 设备与器具

电子秤、抽子、盆。

二、操作步骤

步骤 1　配料

按照配方称量原料。

步骤 2　和面

将白糖和黄油混合放入盆中，用抽子搅拌至均匀，分次加入鸡蛋液，搅拌至呈乳膏状，加入苦荞面、吉士粉混合搅拌，成糊状面坯。

荞麦曲奇面坯制作如图 6–5 所示。

a)

b)

c)

图 6–5　荞麦曲奇面坯制作

a）准备原料　b）分次加入蛋液　c）荞麦曲奇面坯

三、操作要点

严格按顺序投料，和面时要搅拌至原料完全乳化，否则影响成品胀发度。

四、质量要求

面坯软硬适中，不稀不硬。

技能 3 制作荞麦饸饹面坯

一、操作准备

1. 原料

主要原料及用量见表 6–5。

表 6–5 主要原料及用量 g

原料	用量	原料	用量	原料	用量
荞麦面	300	面粉	200	热水	260

2. 设备与器具

电子秤、灶台、面盆。

二、操作步骤

将荞麦面、面粉放入盆中，加入热水调制成面坯。

三、操作要点

1. 水必须烧开，否则饸饹散碎，不成条。
2. 加热水要均匀。

四、质量要求

面坯光滑柔软。

培训单元 3 蔬果面坯调制

培训重点

1. 蔬果面坯的概念。
2. 蔬果面坯原料的特性。
3. 蔬果面坯调制工艺。

4. 蔬果面坯调制注意事项。

知识要求

一、蔬果面坯的概念

蔬果面坯是指以含淀粉较多的根茎类蔬菜、水果以及含汁液较多的水果为主要原料，掺入适当的淀粉类物质（如淀粉、生粉、澄粉、米粉）以及其他辅料（如油脂、食糖、食盐等），经特殊加工制成的面坯。蔬果面坯的主要原料有胡萝卜、南瓜、莲子、栗子、荸荠、柿子、猕猴桃等。

蔬果面坯制作的点心都具有主要原料本身特有的滋味和天然色泽，甜点爽脆、甜糯，咸点松软、鲜香、味浓。

二、蔬果面坯原料的特性

1. 南瓜

南瓜又称饭瓜、番南瓜、番瓜、倭瓜，我国东北地区种植最广。南瓜按颜色不同，可以分为橙色、橙红色、黄色、白色、双色混合等；按果实形状不同，有球形、扁圆形、葫芦形、椭圆形。大的果实重达几十千克，小的仅几十克。未成熟的果实皮脆、肉质致密，可配菜、做馅；成熟的果实又甜又面，有特殊香气，味甘适口，可与面粉及辅助原料配合制作面食点心。

2. 胡萝卜

胡萝卜，别名黄萝卜、丁香萝卜等，原产于亚洲西部，目前我国广有栽种。胡萝卜颜色靓丽，脆嫩多汁，芳香甘甜。胡萝卜根据形状分为如下三个类型。

（1）短圆锥形

短圆锥形胡萝卜早熟、耐热、产量低，春季栽培抽薹迟，如烟台的三寸胡萝卜，外皮及内部均为橘红色，单根重 100 ~ 150 g，肉厚、心柱细、质嫩、味甜，宜生食。

（2）长圆柱形

长圆柱形胡萝卜晚熟，根细长，肩部粗大，根先端钝圆，如南京、上海的长红胡萝卜，湖北麻城的棒槌胡萝卜，浙江东阳、安徽肥东的黄胡萝卜，广东麦村的胡萝卜等。

（3）长圆锥形

长圆锥形胡萝卜多为中晚熟品种，味甜，耐储藏，如内蒙古的黄萝卜、烟台的五寸胡萝卜、汕头的红胡萝卜等。

3. 柿子

我国是世界上产柿子最多的国家，品种有300多种。柿子从色泽上可分为红柿、黄柿、青柿、朱柿、白柿、乌柿等，从果形上可分为圆柿、长柿、方柿、葫芦柿、牛心柿等。在长期的种植实践中，人们培育出很多优良品种，代表品种如下。

（1）牛心柿

牛心柿因其形似牛心而得名。此种柿子脱涩吃，脆酥利口；放软吃，汁多甘甜。晒制成牛心柿饼，甜度大、纤维少、质地软，吃起来香甜可口。

（2）罗田甜柿

罗田甜柿是中国地理标志产品，因产于湖北省罗田县而得名。罗田甜柿是世界上唯一自然脱涩的甜柿品种，秋天成熟后，不需加工，可直接食用。其特点是个大色艳，身圆底方，皮薄肉厚，甜脆可口。

（3）火晶柿子

火晶柿子因果实色红如火、果面光泽似水晶而得名。其特点是个小色红，晶莹光亮，皮薄无核，果肉蜜甜。火晶柿子果实扁圆，吃起来凉甜爽口，甜而不腻，味道极佳，且果皮极易剥离。

此外，产于华北有“世界第一优良种”美称的大盘柿，河北、山东一带出产的莲花柿、镜面柿，陕西泾阳、三原一带出产的鸡心黄柿，陕西富平的尖柿，浙江杭州的方柿，被誉为我国六大名柿。

4. 栗子

栗子为我国原产干果之一，主要产区在我国北方，各地均有栽培。9—10月果实成熟。我国栗子的代表品种有以下四种。

（1）京东板栗

京东板栗产于北京西部燕山山区，良乡镇是其集散地，因而又称良乡板栗。它个小，壳薄易剥，果肉细，含糖量高，在国内外市场上久负盛名。

（2）黑油皮栗

黑油皮栗产于辽宁省丹东地区，个头大，平均单个重 10 g 以上，果壳色乌而有光泽，果实味醇，甘甜质细。

（3）泰安板栗

泰安板栗产于山东省泰安地区，含糖量高，淀粉含量在 70% 以上，口感绵软，甘甜香浓。

（4）确山板栗

确山板栗产于河南省确山县，栗果苞皮薄，个头大（每 500 g 约 35 粒），色泽好，饱满匀实，产量高。

三、蔬果面坯调制工艺

将原料去皮煮熟，压烂成泥，过罗，再加入糯米粉或生粉、澄粉（下料标准因原料、点心品种不同而异），和匀，再加入猪油和其他调料，咸点可加盐、味精、胡椒粉，甜点可加糖、桂花酱、可可粉。将所有原料混合后，有些需要蒸熟，有些需要烫熟，还有些可直接调成面坯。

四、蔬果面坯工艺要领

1. 由于蔬果类原料本身含水量有差异，因而面坯掺粉的比例必须根据蔬果类原料的具体情况而定。

2. 蔬果类原料压烂成泥掺粉前，一定要过罗，以保证面坯细腻光滑。

技能要求

技能 1　调制柿子面坯

一、操作准备

1. 原料

主要原料及用量见表 6–6。

表 6–6　主要原料及用量　g

原料	用量	原料	用量
熟透的柿子	600	面粉	500

2. 设备与器具

案台、台秤、盆、刮刀、罗。

二、操作步骤

步骤 1　取柿子汁

熟透的柿子取蒂揭皮后，放入盆中，过罗取柿子汁。

步骤 2　和面

将面粉放在案台上，用刮刀在面粉中间开窝，放入柿子汁，左手握刮刀，右手将面粉和柿子汁搅均匀，双手配合将面粉与柿子汁搓擦、叠压成柔软光滑的柿子面坯。

调制柿子面坯如图 6–6 所示。

a)

b)

c)

d)

图 6–6　调制柿子面坯

a）柿子汁放入面窝中　b）面粉和柿子汁搅均匀　c）搓擦、叠压　d）柿子面坯

三、操作要点

1. 要选用出汁率高、熟透的柿子。

2. 完全用柿子汁和面，且面要和得柔软，否则成品口感硬而不糯。

3. 和面时面坯要和得恰到好处，不能多揉多搓，否则面坯起筋，成品口感硬而不糯。

四、质量要求

面坯光滑滋润，色泽浅黄，质感柔软。

技能 2　调制南瓜面坯

一、操作准备

1. 原料

主要原料及用量见表 6–7。

表 6–7　主要原料及用量　g

原料	用量	原料	用量
南瓜	500	鹰粟粉	25
白糖	50	吉士粉	3
澄粉	50	奶油	15
糯米粉	100		

2. 设备与器具

炉灶、蒸箱、蒸屉、台秤、刀、面案、小盆。

二、操作步骤

步骤 1　选料

选择熟透的小南瓜。

步骤 2　切配

南瓜洗净、去皮，用刀切成块。

步骤 3　蒸南瓜

将南瓜块摆在蒸屉内，放蒸箱蒸 25 min 即可，放凉待用。

步骤 4 制面坯

将白糖、澄粉、鹰粟粉、糯米粉、奶油、吉士粉全部加入蒸好晾凉的南瓜中，搅拌均匀，再放入蒸箱蒸 30 min，取出揉成团即可。

调制南瓜面坯如图 6–7 所示。

a) b)

图 6–7 调制南瓜面坯

a）蒸南瓜 b）南瓜面坯

三、操作要点

1. 南瓜削皮时要削厚一点，否则成品的颜色不好，而且有硬皮。

2. 蒸好的南瓜一定要放凉后再加入辅料，否则面坯蒸好后不光滑、不均匀。

四、质量要求

面坯软硬适宜，不起筋，色泽均匀。

培训项目 2 面坯成形

培训单元 1 莜麦面坯成形

培训重点

1. 莜麦面坯成形的方法。
2. 莜麦面食的加工工艺。

技能要求

技能 1 莜麦糅糅成形

一、操作准备

1. 原料

莜麦面坯、色拉油。

2. 设备与器具

案台、炉灶、蒸箱、轧面机、刀、蒸屉、刷子、纱布。

二、操作步骤

步骤 1 糅糅成形

在蒸好的莜麦面坯上刷匀色拉油，放在轧面机上，打开电源，把糅糅压出，或用菜刀直接切成较细的面条。

步骤 2 保存

将压好的糅糅用纱布盖上。

莜麦糅糅成形如图 6–8 所示。

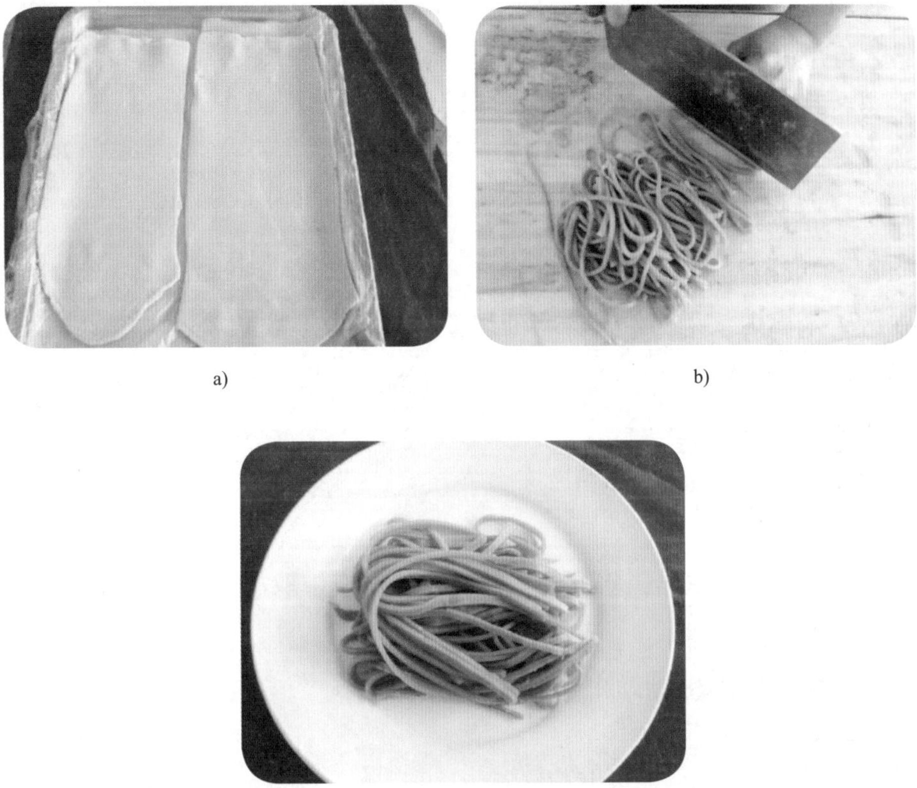

a) b) c)

图 6–8 莜麦糅糅成形

a）蒸熟的面片 b）切成面条 c）成形糅糅

三、操作要点

1. 糅糅保存时要用纱布盖上，否则糅糅会变硬或粘连。

2. 糅糅成形刀工要均匀。

四、质量要求

糅糅宽度均匀，长短一致。

技能 2　莜麦可可饼干生坯成形

一、操作准备

1. 原料

莜麦可可饼干面坯。

2. 设备与器具

冰箱、饼干木模、刀、保鲜膜。

二、操作步骤

步骤 1　装模

在饼干木模中垫入保鲜膜，将面坯整理成长方形块状放入木模，按压紧实，封好保鲜膜。

步骤 2　冷冻

将装进木模的面坯放入冰箱冷冻。

步骤 3　成形

将木模从冰箱中取出，将冻硬实的面坯从木模中取出，揭去保鲜膜，顶刀切成 0.3 cm 厚的饼干生坯。

莜麦可可饼干生坯成形如图 6–9 所示。

a)　　b)

图 6–9　莜麦可可饼干生坯成形

a）入模　b）切片

三、操作要点

1. 冷冻要冻透，否则影响切片，易散碎。

2. 切片的厚度要均匀，否则烤制容易出现颜色不均匀的现象。

四、质量要求

大小一致，不破、不裂。

培训单元 2 荞麦面生坯成形

培训重点

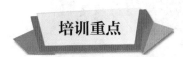

1. 荞麦面生坯成形的方法。
2. 荞麦面生坯成形注意事项。

技能要求

技能 1 荞麦鱼鱼生坯成形

一、操作准备

1. 原料

荞麦鱼鱼面坯。

2. 设备与器具

案台。

二、操作步骤

步骤 1 揉面

将和好的面坯揉至均匀滋润。

步骤 2 搓条

将回软的面坯搓成一头细小的长条，最细的前尖约筷子粗细。

步骤 3　搓鱼鱼

左手压住整个剂条，右手从最细的前尖掐出长约 2 cm 的段，用右手搓成两头尖的小鱼形状，即成鱼鱼。

步骤 4　保存

在搓好的鱼鱼上面撒上荞麦面，即可用于煮、烩等。

荞麦鱼鱼生坯成形如图 6–10 所示。

图 6–10　荞麦鱼鱼生坯成形

a）揉面　b）搓条　c）搓鱼鱼　d）成形的鱼鱼

三、操作要点

1. 荞麦面持水性差，所以在成形前要再次揉制，否则面坯不光滑，不易成形。
2. 搓好的鱼鱼要撒上荞麦面，否则会粘连在一起。

四、质量要求

成品形似小鱼，大小均匀。

技能 2 荞麦曲奇生坯成形

一、操作准备

1. 原料

荞麦曲奇面坯。

2. 设备与器具

烤盘、裱花挤袋、花嘴。

二、操作步骤

步骤 1 装袋

将面坯放入裱花挤袋中。

步骤 2 挤注成形

直接将面坯在烤盘上等间距挤注成圆形。

荞麦曲奇生坯成形如图 6–11 所示。

a)

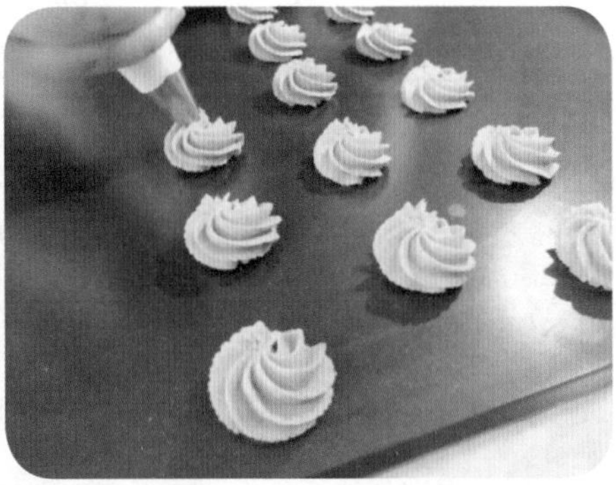

b)

图 6–11 荞麦曲奇生坯成形

a）装袋 b）挤注

三、操作要点

1. 挤注生坯之间要留有空隙。
2. 挤注生坯的大小要一致，否则烤制出的成品色泽不易一致。

四、质量要求

荞麦曲奇生坯大小一致，纹路清晰。

技能 3　荞麦饸饹生坯成形

一、操作准备

1. 原料

荞麦饸饹面坯。

2. 设备与器具

锅、饸饹床、灶台、面盆。

二、操作步骤

步骤 1　烧水

将水烧开备用。

步骤 2　成形

将面坯放入饸饹床中，填满、压实。压动杠杆，饸饹慢慢进入沸水锅中，适时将面掐断。

荞麦饸饹生坯成形如图 6–12 所示。

a)　b)　c)

图 6–12　荞麦饸饹生坯成形

a）将水烧开　b）填满、压实　c）压动杠杆

三、操作要点

1. 水必须烧开，否则饸饹散碎不成条。

2. 面坯放入饸饹床中要填满、压实。

3. 饸饹慢慢进入沸水锅中，要适时将面掐断。

四、质量要求

粗细均匀，不散不断，呈条状。

培训单元 3 蔬果面生坯成形

培训重点

1. 蔬果面生坯成形工艺。

2. 蔬果面生坯成形注意事项。

技能要求

技能 1 黄桂柿子饼生坯成形

一、操作准备

1. 原料

主要原料及用量见表 6–8。

表 6–8 主要原料及用量 g

原料	用量	原料	用量	原料	用量
柿子面坯	500	黄桂酱	30	青红丝	10
白糖	200	玫瑰酱	10	熟面粉	100
猪板油	100	熟核桃仁	50		

2. 设备与器具

案台、案板、台秤、盆、刀。

二、操作步骤

步骤 1　制馅

猪板油撕去油膜，切成黄豆粒大小。青红丝、熟核桃仁切碎。白糖放在案板上，加入黄桂酱、玫瑰酱拌匀，再放入板油粒、熟面粉搓拌，最后加入切碎的青红丝、熟核桃仁，搓拌成有黏性的黄桂白糖馅。

步骤 2　下剂

将柿子面坯搓条，切成 30 g/ 个的剂子。

步骤 3　成形

取一个剂子，粘上干粉按扁，包入馅心，收口制成球形生坯。

黄桂柿子饼生坯成形如图 6–13 所示。

a)

b)

c)

图 6–13　黄桂柿子饼生坯成形

a）上馅　b）包馅　c）球形生坯

三、操作要点

1. 馅心必须包严，否则馅心漏在饼铛中，成品会有黑点。

2. 生坯表面必须干净，无馅料，否则加热时，馅心的糖分会遇热煳化，使成品表面有黑点。

四、质量要求

大小一致，不破皮，不漏馅，呈球形。

技能 2　象形南瓜生坯成形

一、操作准备

1. 原料

南瓜面坯、豆沙馅、绿色面团。

2. 设备与器具

台秤、面案、刀（竹签）。

二、操作步骤

步骤 1　搓条

将蒸好的南瓜面坯揉搓均匀，搓成直径为 4 cm 的剂条。

步骤 2　掐剂

采用掐剂的方法，将南瓜面剂条下成 20 g/ 个的剂子。把豆沙馅捏成 8 g/ 个的剂子。

步骤 3　包馅

将南瓜面剂捏成皮，将馅心包入皮内，收拢封口。

步骤 4　成形

将包好馅心的南瓜坯用手搓圆，然后用刀背或竹签在南瓜坯表面压出印子，模仿南瓜的纹路，用绿色面团捏成南瓜蒂，插在南瓜的中间，即成象形南瓜生坯。

象形南瓜生坯成形如图 6–14 所示。

三、操作要点

南瓜面坯在下剂前要采用揉搓的手法，揉软后再造型，否则面坯表面不光滑，影响南瓜的造型。

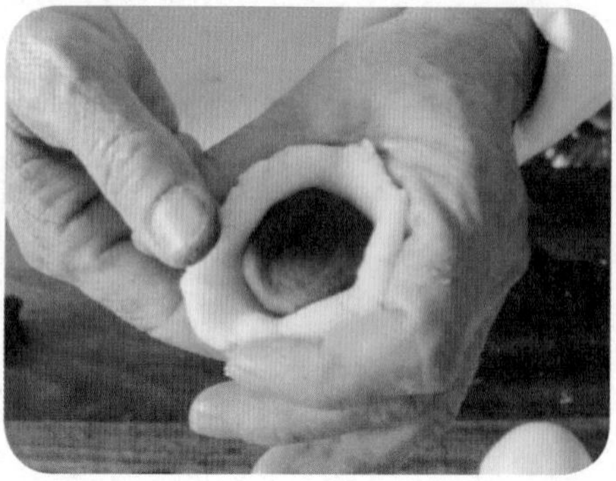

a)

b)

图 6–14　象形南瓜生坯成形

a）包馅　b）压成南瓜状

四、质量要求

大小均匀，造型逼真。

培训项目 3 产品成熟

培训单元 1 莜麦面坯面点熟制

培训重点

1. 莜麦面坯面点熟制工艺。
2. 莜麦面坯面点熟制注意事项。

技能要求

技能 1 制作莜麦糅糅

一、操作准备

1. 原料

主要原料及用量见表 6–9。

表 6–9 主要原料及用量 g

原料	用量	原料	用量	原料	用量
莜麦糅糅	500	辣椒	25	香油	2
胡麻油	50	陈醋	20	盐	10
白芝麻	10	酱油	20	水	160

2. 设备与器具

炉灶、锅。

二、操作步骤

步骤 1　炒制干辣椒

铁锅烧热，加入胡麻油加热，倒入辣椒炒香，晾凉，磨成粗末。

步骤 2　调汁

锅内加入白芝麻、干辣椒末，倒入热的胡麻油，加入水、酱油、陈醋、盐烧开，淋香油。

步骤 3　装盘

糅糅装盘，浇上调味汁。

莜麦糅糅成品如图 6–15 所示。

图 6–15　莜麦糅糅成品

三、操作要点

1. 辣椒要炒干，以便于磨成末。

2. 白芝麻要用热油浇才能出香味。

四、质量要求

口感筋道，味道酸辣，质地软韧。

技能 2　烤制莜麦可可饼干

一、操作准备

1. 原料

莜麦可可饼干生坯。

2. 设备与器具

烤箱、烤盘。

二、操作步骤

步骤 1 烤制

把饼干生坯整齐地码在烤盘上，送入面火 180 ℃、底火 160 ℃的烤箱中烘烤 8 min 取出，静置冷却至室温。

步骤 2 装盘

将熟制的饼干装盘。

莜麦可可饼干烤制如图 6–16 所示。

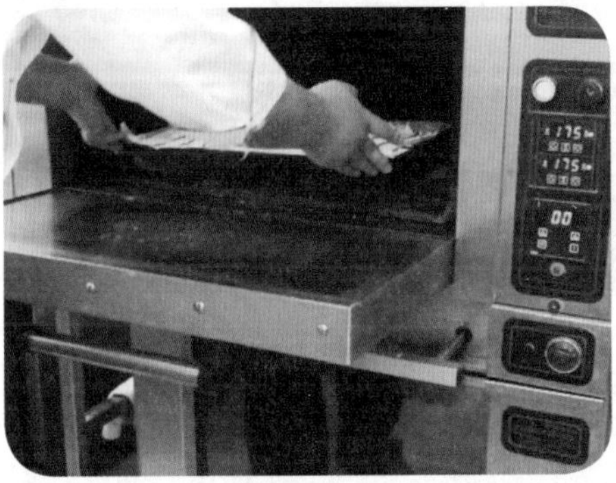

a)

b)

图 6–16 莜麦可可饼干烤制

a）烤制 b）莜麦可可饼干成品

三、操作要点

1. 烤制温度不能过低，否则饼干渗油。

2. 烤制温度不能过高，否则饼干色重。

四、质量要求

成品呈棕色，质感酥脆，味道香甜。

培训单元 2　荞麦面坯面点熟制

培训重点

1. 荞麦面坯面点熟制工艺。
2. 荞麦面坯面点熟制注意事项。
3. 荞麦面点的工艺方法。

技能要求

技能 1　煮制荞麦鱼鱼

一、操作准备

1. 原料

荞麦鱼鱼生坯。

2. 设备与器具

炉灶、锅、笊篱、手勺。

二、操作步骤

步骤 1　煮制

将水烧开，把荞麦鱼鱼生坯抖散下入锅内，用手勺背沿锅底轻轻推动，等水烧沸后点水，共三次。

步骤 2　装盘

等荞麦鱼鱼全部漂起，变色后用笊篱捞起，盛入盘中即可。

荞麦鱼鱼煮制如图 6–17 所示。

三、操作要点

1. 煮制荞麦鱼鱼要开水下锅，否则会粘锅底或相互粘连。

a)

b)

图 6–17 荞麦鱼鱼煮制

a）煮荞麦鱼鱼 b）煮熟的荞麦鱼鱼

2. 煮制过程要点三次冷水，否则荞麦鱼鱼不筋道。

3. 煮制的荞麦鱼鱼可以浇上各种浇头食用。

四、质量要求

成品爽滑筋道，口感韧糯。

技能 2 烤制荞麦曲奇

一、操作准备

1. 原料准备

荞麦曲奇生坯。

2. 设备与器具

烤箱、烤盘。

二、操作步骤

步骤 1 烤制

将盛有荞麦曲奇生坯的烤盘送入 160 ℃烤箱烘烤 10 min 取出，静置冷却至室温。

步骤 2 装盘

将曲奇从烤盘中取出装盘即可。

荞麦曲奇烤制如图 6–18 所示。

a)

b)

图 6–18　荞麦曲奇烤制

a）烤制　b）荞麦曲奇成品

三、操作要点

1. 烤制温度不能过低，否则曲奇渗油。

2. 烤制温度不能过高，否则影响曲奇成形。

四、质量要求

色泽金黄，质感酥脆，口味微苦，纹路清晰。

技能 3　煮制荞麦饸饹

一、操作准备

1. 原料

荞麦饸饹生坯。

2. 设备与器具

笊篱、炉灶、面盆、锅。

二、操作步骤

步骤 1　煮制

沸水煮制，待饸饹浮起，稍煮即熟。

步骤 2　过凉

用笊篱将饸饹放入凉开水盆中。

步骤 3　装盘

装盘备用。

荞麦饸饹煮制如图 6–19 所示。

a) b) c)

图 6–19 荞麦饸饹煮制

a）沸水煮制 b）过凉 c）荞麦饸饹成品

三、操作要点

1. 水必须烧开，否则饸饹散碎，不成条。

2. 出锅必须过凉，否则饸饹不利落，容易粘连。

四、质量要求

粗细均匀，不散不断，呈条状。

培训单元 3　蔬果面坯面点熟制

培训重点

1. 蔬果面坯面点熟制工艺。
2. 蔬果面坯面点熟制注意事项。

技能要求

技能 1　黄桂柿子饼熟制

一、操作准备

1. 原料

黄桂柿子饼生坯、植物油。

2. 设备与器具

电饼铛、油刷、平铲。

二、操作步骤

步骤 1　饼铛预热

电饼铛设中火预热。

步骤 2　码坯

铛底刷油，将黄桂柿子饼生坯放入，稍稍按扁。

步骤 3　烙制

盖严铛盖，4 ~ 5 min 后，待饼坯上下两面色泽金黄、内外熟透时即成。

黄桂柿子饼熟制如图 6–20 所示。

三、操作要点

1. 饼铛预热后再码入生坯，否则烙制时间过长，水分丢失严重，造成面皮口感发硬。

a) b) c) d)

图 6-20 黄桂柿子饼熟制

a）将生坯放入饼铛 b）刷油 c）上下两面色泽金黄 d）黄桂柿子饼成品

2. 盖严饼铛盖，否则成品面皮口感发韧，不脆。

四、质量要求

色泽金黄，表面香脆，内质软糯，有黄桂芳香。

技能 2 象形南瓜熟制

一、操作准备

1. 原料

象形南瓜生坯、植物油。

2. 设备与器具

炉灶、蒸锅、竹屉、油刷。

二、操作步骤

步骤 1　蒸锅预热

在蒸锅中加入八成满的水，上火烧开。

步骤 2　生坯熟制

把象形南瓜生坯码入刷匀植物油的竹屉内，放入蒸锅中，盖上锅盖，中火蒸制 10 min。

步骤 3　成品装盘

将蒸制的象形南瓜晾凉，码入平盘中。

象形南瓜成品如图 6–21 所示。

图 6–21　象形南瓜成品

三、操作要点

1. 蒸制时，火力不能太大，时间不宜过长，否则会造成成品塌陷，影响造型。
2. 刚刚蒸熟的成品黏性较大，直接用手蹦触会破坏造型，需稍晾凉。

四、质量要求

软糯黏甜，色泽金黄。